Schilling

Die Fische der Nordsee

Kosmos-Feldführer

Kosmos-Feldführer sind neue Bestimmungsbücher, die Tiere und Pflanzen nicht nur als isolierte Objekte abbilden und beschreiben, sondern ihre Umweltbeziehung berücksichtigen. Sie sind daher nach Lebensräumen gegliedert.

Es sind bisher erschienen:
Vögel in Wald, Park und Garten
Die Vögel der Meeresküste

Demnächst erscheinen:
Pilze I
Pilze II
Bäume und Sträucher des Mittelmeeres
Vögel (Feld und Wasser)

Geplant sind:
Vögel (Bergland)
Vögel (Alpen und Mittelmeer)
Giftpflanzen
Steine und Mineralien

Jörgen Möller Christensen

Die Fische der Nordsee

Illustrationen
Bente Nyström

Kosmos
Gesellschaft der Naturfreunde
Franckh'sche Verlagshandlung
Stuttgart

Umschlag von Edgar Dambacher unter
Verwendung einer Aufnahme von
Burkard Kahl
Das Bild zeigt einen Roten Knurrhahn
(Trigla hirundo)
Text von Jörgen Möller Christensen
Mit 94 Farb- und Schwarzweißzeichnungen
von Bente Nyström
sowie 13 Farbfotos von H. Knudsen (5),
S. Petersen (1), S. Tougaard (7) und
3 Aufnahmen von E. Sunesen
Aus dem Dänischen übersetzt
von Gisela Perlet
Titel der Originalausgabe
„Fiskeliv i Nordsøen"
erschienen bei Gyldendalske Boghandel,
Nordisk Forlag A. S. Kopenhagen, 1977
unter ISBN 87-01-24862-6

CIP-Kurztitelaufnahme
der Deutschen Bibliothek

Møller Christensen, Jørgen
Die Fische der Nordsee. – 1. Aufl.,
– Stuttgart : Franckh, 1977.
(Kosmos-Feldführer)
Einheitssacht.: Fiskeliv i Nordsøen ‹dt.›
ISBN 3-440-04458-0

Franckh'sche Verlagshandlung,
W. Keller & Co., Stuttgart / 1977

Printed in Portugal / Imprimé au Portugal
LH 14 dö / ISBN 3-440-04458-0
Satz: Konrad Triltsch, Graph. Betrieb,
Würzburg
Druck und Buchbinder:
Gris Impressores S.A.R.L.,
Lissabon, Portugal

Die Fische der Nordsee

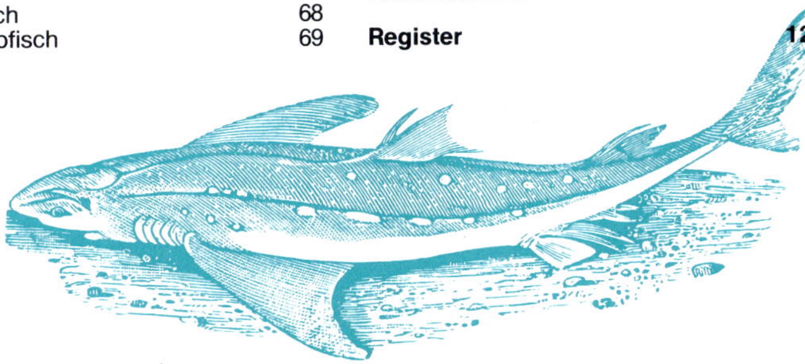

Tierplankton

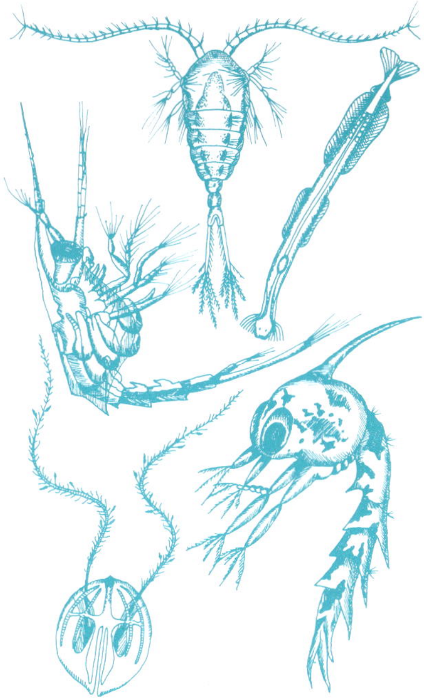

Das Meer, in dem sie leben

An der Küste endet für die meisten von uns die Welt, die wir kennen: eine Welt mit Bergen und Tälern, Wäldern und Wiesen, Pflanzen und Tieren. Ein abwechslungsreiches Milieu mit einer Vielzahl von Formen und Farben wird hier von einer endlosen, eintönigen Fläche abgelöst, die scheinbar ohne Leben ist.

Könnten wir jedoch unsere Wanderung über den Boden des Meeres fortsetzen, so würden wir eine Welt erleben, die sich vom Festland zwar unterscheidet, jedoch keineswegs eintönig oder gar leblos ist.

Wir wären von Schwärmen von oft bunten und bizarr geformten Fischen umgeben, von Krabben, die auf dem Boden zwischen farbigen Muscheln, Würmern, Seeigeln und Schnecken krabbeln, von zehnarmigen Tintenfischen, roten, blauen und gelben treibenden Quallen, Muscheln und Schnecken der verschiedensten Farben und Formen.

Wenn man all das erleben könnte, würde man staunen über das rege und vielfältige, farben- und formenprächtige Leben über diesem „unfruchtbaren“ Meeresboden, auf dem Sandflächen mit Riffen und steilen Abhängen wechseln. Es ist ja doch eine Landschaft, die am ehesten mit den Wüstengebieten zu vergleichen ist.

Pflanzenplankton

Ebenso wie die Landtiere sind die Meeresbewohner von Pflanzen abhängig, die die Grundnahrung allen tierischen Lebens bilden. Im Gegensatz zu Landtieren „weiden" die Tiere des Meeres auf Myriaden von winzig kleinen Organismen des Pflanzenplanktons, die frei im Wasser schwimmen. Nur in unmittelbarer Küstennähe bilden Tang und Seegras Wiesen auf dem Meeresboden. In knapp 10 m Tiefe verschwindet dieses pflanzliche Leben, und der Boden wird unfruchtbar; das Wasser allerdings ist noch immer reich an Nahrung.
Unter den vielen verschiedenen Tiergruppen, die im Meer leben, nehmen die Fische eine Sonderstellung ein. Sie sind die artenreichste und wichtigste Gruppe von Wirbeltieren im Meer, und sie stellen die Grundlage für mehr als 90% der menschlichen Nahrung dar, die wir aus dem Meer holen. Es gibt in allen Meeren Fische, jedoch in unterschiedlicher Menge. In den warmen Meeren sind ungeheuer viele verschiedene und farbenprächtige Arten vertreten. Hier bei uns in den gemäßigten Zonen gibt es nicht so viele Arten, dafür aber ist die Zahl der Individuen bei diesen Arten kolossal groß. Man vergleiche nur ein Fischerboot, das aus der Nordsee hereinkommt und viele Tonnen Hering, Makrelen und Kabeljau anlandet, mit dem Fang eines Mittelmeerfischers, der verhältnismäßig wenige Kisten mitbringt, die jedoch eine Unzahl verschiedenartiger Fische enthalten. Von der gesamten Meeresfläche, die knapp 71% des Erdballs bedeckt, haben nur 7% des Meeres eine geringere Tiefe als 200 m. In diesem relativ flachen Wasser sind die größten Fischvorkommen zu finden. Die Nordsee gehört zu den Gebieten der Welt, die den dichtesten Fischbestand aufweisen. Knapp ein Fünftel der gefangenen Fische aus dem atlantischen Bereich stammt aus der Nordsee. Sie ist eines der reichsten Meeresgebiete der Welt, eines der am intensivsten befischten und eines der am besten erforschten. Sie ist Westeuropas größter und ältester Fangplatz. Auf der Europakarte stellt die Nordsee ein großes Meer dar; sie umfaßt mehr als eine halbe Million Quadratkilometer – das ist fast ebenso groß wie Großbritannien, Dänemark, Holland, Belgien und die Bundesrepublik Deutschland zusammen. Auf der Weltkarte jedoch ist sie ein kleines Meer. Die Fläche des Atlantischen Ozeans ist ca. 150mal größer als die der Nordsee, und die 54 000 km³ Wasser der Nordsee sind nur ein Sechstausendstel der Wassermenge des Atlantischen Ozeans. Die Nordsee ist nämlich nicht sehr tief, ihre mittlere Tiefe ist geringer als 100 m, die mittlere Tiefe des Atlantischen Ozeans dagegen beträgt knapp 4 km. Dieses „Meer" zwischen Dänemark und Großbritannien ist also nur mit einem von etwas Wasser bedeckten Landgebiet zu vergleichen – und genau das ist es auch.

Altes Land auf dem Boden des Meeres

Der Boden der Nordsee ist ein Teil des Festlandsockels, der von Wasser überflutet und bedeckt ist; das ist jedoch nicht immer so gewesen. Während der Eiszeiten, als gewaltige Wassermassen im Eis der Gletscher gebunden waren, waren große Teile der heutigen Nordsee trockenes Land – mehr oder weniger von Gletschern bedeckt. Als sich das Eis vor zwanzig- bis dreißigtausend Jahren zurückzog, war der größte Teil der heutigen südlichen Nordsee Land, von dem aus sich die Doggerbank wie eine Halbinsel in das Meer vorschob. Im Laufe der Zeit breitete sich die Vegetation von den eisfreien Teilen des Festlandes über die trockengefallene Nordsee aus. Auf dem feuchten Boden mit Moor und Schlamm wuchsen Bäume in die Höhe, und mit dem Pflanzenwuchs kamen Tiere und Menschen. Dieses Land – der Boden der heutigen Nordsee – hat viele Tausende von Jahren existiert; als aber das Inlandeis schmolz und das Schmelzwasser zu strömen begann, schrumpfte das Nordseeland allmählich zusammen, bis es schließlich ganz vom Meer bedeckt war.

Zu den letzten Landstrichen, die vom Meer überflutet wurden, gehörte die Doggerbank. Vermutlich entstand sie als eine große Moräne, die das Eis an seinem Rand auftürmte. Zu einem bestimmten Zeitpunkt lag die Bank als Insel in der Nordsee, und die Tiere, die hier zurückblieben, starben nach und nach aus; ihre Überreste wurden von Sand und Wasser bedeckt. Man hat von diesem früheren Leben zahlreiche Spuren auf dem Boden der Nordsee gefunden. Torf, Knochen, Holzstücke, Hirschgeweihe und einzelne Werkzeuge aus Feuerstein wurden von den Fischern, die im Laufe der Zeit ihre Schleppnetze über den Boden gezogen haben, an die Oberfläche geholt. Diese Funde vermitteln uns eine Vorstellung der Pflanzen und Tiere, die einst hier lebten. Man weiß, daß es Gebiete mit Weiden und Birken gegeben hat und daß Bär, Wolf, Auerochse und eine Reihe anderer Tiere sich hier aufgehalten haben, und man weiß auch, daß Menschen dort unterwegs gewesen sind und diese Tiere gejagt haben.

Weidenblatt

Birkenblatt

Erst etwa 8000 Jahre sind vergangen, seitdem dieses Land überflutet und von jenem Meer bedeckt wurde, das wir als Nordsee kennen. Obwohl das Land auf dem Meeresgrund nun verborgen ist, kennen wir es gut: Dieser Meeresboden ist kartographisch so genau erfaßt wie kaum ein anderer der Welt. Bänke, Schlicklöcher, Abhänge und Riffe wurden im Laufe der Jahre registriert und vermessen und auf den immer detaillierteren Seekarten und Fischereikarten eingezeichnet.

Auerochse von Steinzeitmenschen gemalt

Steingerät

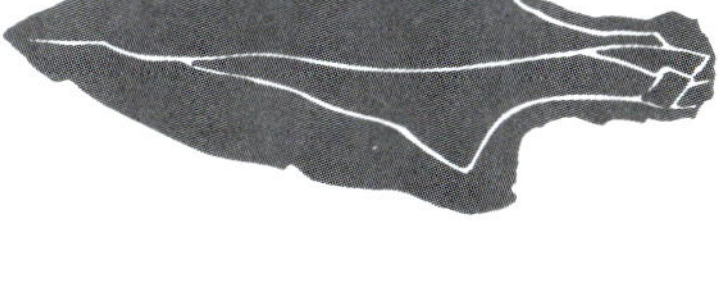

Eine Wanderung über den Boden der Nordsee

Wenn wir uns in einer Richtung genau westwärts von Esbjerg über den Boden der Nordsee bewegen, so überqueren wir die ersten 100 km Sandboden, der bis in etwa 40 m Tiefe abfällt. Die nächsten 100 km in westlicher Richtung fällt er bis etwa 60 m Tiefe ab; der Boden ist nicht mehr so eben, es gibt riesige Schlammflächen und steinige Gebiete.

Etwa 200 km westlich von Esbjerg, sozusagen in der Mitte der Nordsee, liegt das bekannteste aller Gebiete dieses Meeres, die Doggerbank. Sie ist eine riesige Sandbank von der Größe Jütlands und erhebt sich 20 bis 30 m über den sie umgebenden Meeresboden.

Der Name Doggerbank stammt aus dem Holländischen und bedeutet Dorschbank – in älteren Zeiten hieß Dorsch nämlich auf holländisch Dogger.

Die Doggerbank ist etwa 300 km lang und besitzt eine Breite von etwa 100 km. Ihr höchster Punkt liegt nur etwa 15 m unter der Meeresoberfläche. Sie teilt die Nordsee gewissermaßen in zwei Teile: südlich in die Braune Bank, die hinunter bis zum Englischen Kanal reicht. Hier ist die Tiefe verhältnismäßig gering, und der Boden hat eine sehr abwechslungsreiche „Landschaft“. Gegenden mit Kies wechseln mit tiefen Schlammlöchern und mit Reihen von hohen, parallelen Sandbänken, die von der Kanalströmung abgelagert wurden. Das Klima über dem Meeresboden ist warm. Bei einer Sommertemperatur von 16 – 17° tauchen gelegentlich Fische aus den südlicheren Meeren, wie z. B. Sardellen, hier auf. Nördlich der Doggerbank öffnet sich die Nordsee zum Atlantischen Ozean. Zum Fladengrund und zur Vikingbank hin wächst die Tiefe bis auf mehr als 100 m, und die Temperatur ist hier kaum so sommerlich, höchstens 7 – 8° im wärmsten Monat. In diesem Teil der Nordsee begegnet man anderen Fischen, z. B. Rotzungen, Schellfischen, Lengen und Dornhaien.

Bewegen wir uns von der Doggerbank über die Fischerbänke in Richtung

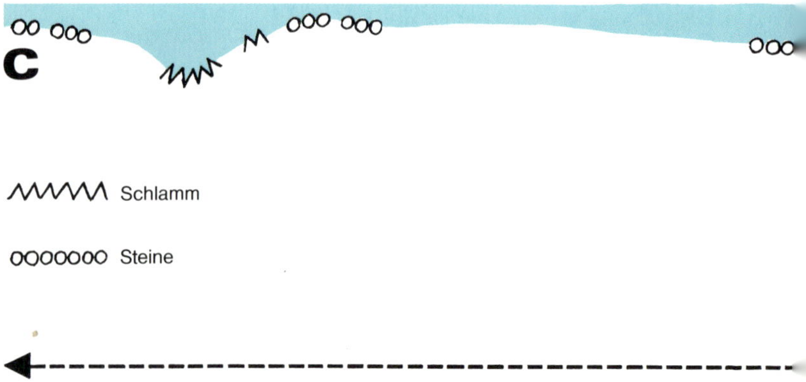

B
600 km

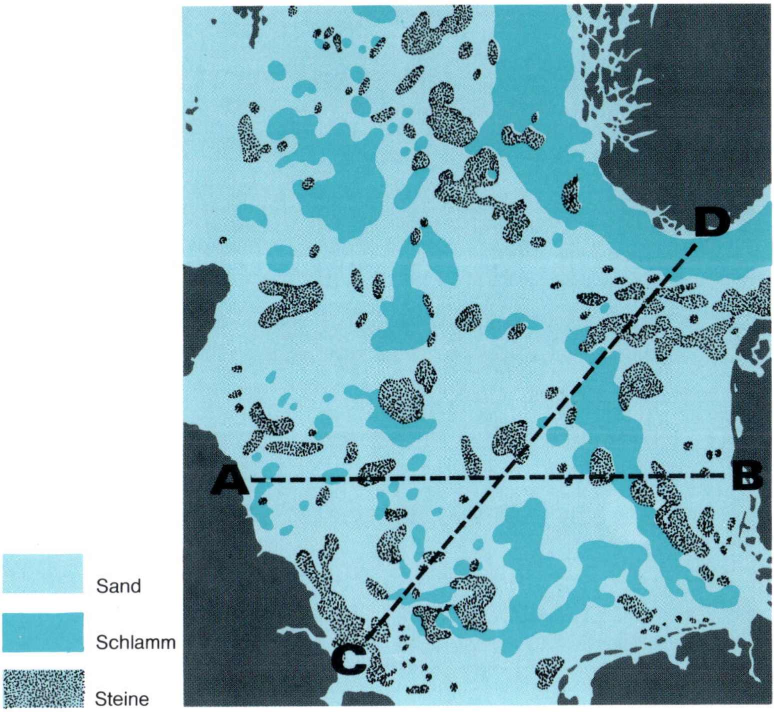
D
A
B
C
Sand
Schlamm
Steine

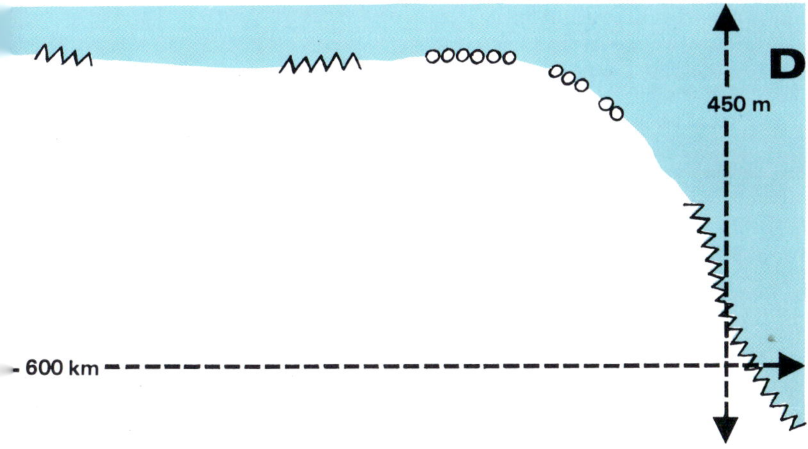
D
450 m
600 km

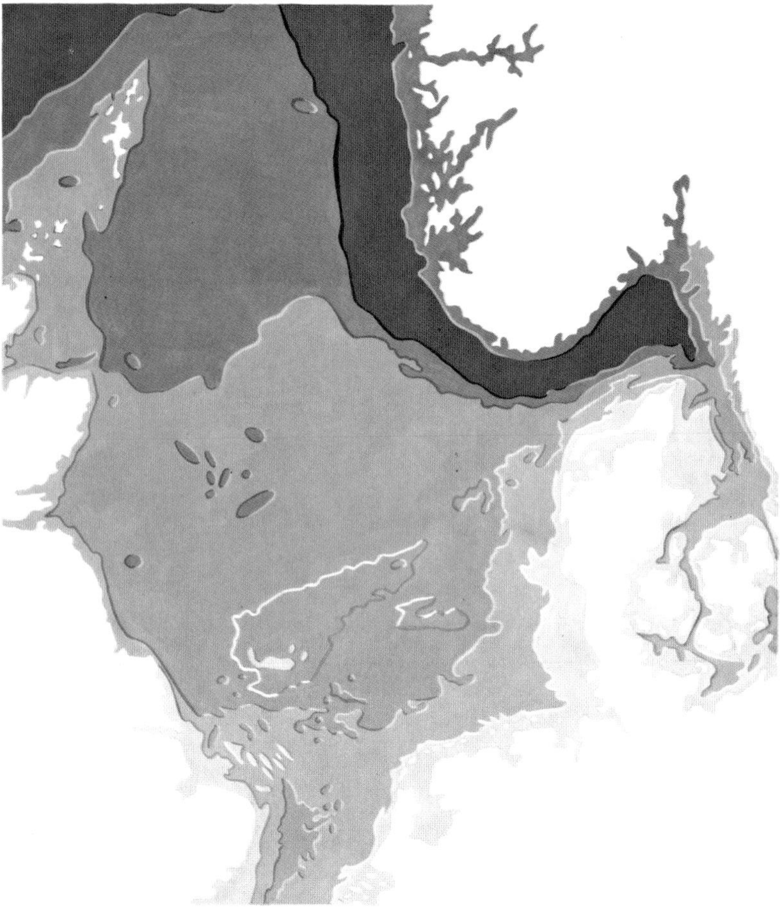

Skagerrak, so kommen wir, in Höhe von Hanstholm, zu einem steilen Abhang. Vom Nordatlantik erstreckt sich eine Spalte von 6 – 700 m Tiefe rings um die Südküste Norwegens bis ins Skagerrak, die Norwegische Rinne.

Die Gegend westlich hiervon, im mittleren Teil der Nordsee, die man beinahe als eine typische dänische Landschaft mit „Ebenen" und „Hügeln" bezeichnen kann, wird hier von einer Felsenlandschaft abgelöst: Man findet Gestein, Abhänge und tiefe Schluchten. Neben vielen anderen Fischen, die nur selten an die Oberfläche geholt werden, leben hier Grenadierfisch und Goldlachs. Der Boden hier lädt nämlich nicht sonderlich zum Fischfang ein, und die Fischer in diesem Gebiet konzentrieren sich mehr auf solche Fischarten, die in den oberen Wasserschichten leben, z. B. Hering und Makrele.

Oben: Die Tiefenverhältnisse der Nordsee – je dunkler desto tiefer

Rechts: Die Ortsnamen der Nordsee

Das Wasser und die Strömungen

Die Wassermassen der Nordsee und ihre gebietsmäßige Verteilung resultieren im wesentlichen aus der Verbindung dieses Meeres mit dem At-

lantik und der Ostsee. Aus dem Atlantik dringt Wasser mit hohem Salzgehalt – vor allem von Norden – in breiter Front weit in die Nordsee ein und herrscht in deren westlichen und zentralen Teilen vor. Auch von Süden her, durch den englischen Kanal, breitet sich eine Zunge atlantischen Wassers in die Nordsee aus.

Diese Strömungen stellen Reste des atlantischen Gezeitenstroms dar, die die Wirkung der Gezeitenkräfte – des Mondes und der Sonne – auf das Wasser der Nordsee völlig in den Schatten stellen. In der Nordsee wird die Gezeitenwelle durch eine Reihe von Umständen beeinflußt, die den Strömungsverlauf komplizieren: In dem verhältnismäßig flachen Wasser wird die Geschwindigkeit aufgrund des Reibungswiderstandes am Boden herabgesetzt. Außerdem wird die Strömung durch das angrenzende Land in ihrer Ausbreitung gehindert, und schließlich wird sie auch noch durch die Erdrotation nach rechts abgebogen.

Diese Umstände zusammen bewirken, daß die Geschwindigkeit der Gezeitenwelle, die sich zwischen Schottland und Norwegen einwärts bewegt, nach Süden hin ständig abnimmt und daß sie allmählich erst nach Osten und dann nach Norden schwingt; sie dreht

Strömungsverhältnisse der Nordsee

sich gleichsam um einen Punkt, der gut 100 km westlich von Esbjerg liegt. In der Straße zwischen Dover und Calais beträgt der größte Unterschied zwischen Hoch- und Niedrigwasser 7 m; das Wasser des Atlantiks wird hier gleichsam in einen Trichter gepreßt. Nur 100 km weiter nördlich, in Höhe von Amsterdam, ist dieser Unterschied auf etwa 1 m reduziert, da die von Norden kommende Gezeitenwelle in ihrem Rhythmus nicht mit der südlichen übereinstimmt und daher deren Wirkung aufhebt.
Das salzige Atlantikwasser dringt von Norden durch den Skagerrak ins Kattegat. Hier trifft es auf Wasser der Ostsee, deren Salzgehalt nur etwa 5 Promille beträgt. Da salziges Wasser schwerer ist, bewegt es sich in Bodennähe, während das leichtere Brackwasser oberhalb strömt. Wind und Wellen vermengen jedoch die auf diese Weise in zwei Schichten getrennten Wassermassen. Aufgrund dieser Vermischung steigt der Salzgehalt von der Ostsee bis zum Skagerrak gleichmäßig an. Im südlichen Kattegat beträgt er etwa 20 Promille, weiter nördlich, auf der Höhe von Laesø, liegt er bei 30 Promille und draußen in der Nordsee enthält das Wasser 34 – 35 Promille Salz. Der Salzgehalt im östlichen Teil der Nordsee ist etwas niedriger und sinkt in unmittelbarer Küstennähe bis auf 30 Promille. Die Ursache hierfür liegt in der Vermischung der Strömung, die nordwärts längs der holländischen, deutschen und dänischen Westküste verläuft, mit Süßwasser aus Rhein, Elbe und anderen großen Flüssen, die hier in die Nordsee münden. Ähnliche geringe Salzgehalte hat man entlang der norwegischen Küste, an der sich Reste des Brackwassers der Ostsee in nördlicher Richtung ausbreiten.

Sommer und Winter in der Nordsee

Die Temperatur der Nordsee ist je nach Jahreszeit verschieden. Im Winter ist das Wasser im nördlichsten Teil der Nordsee am wärmsten, da mit dem Golfstrom große Mengen von Atlantikwasser nach Norden gelangen. Die Wintertemperatur der nördlichen Nordsee ist von der Oberfläche bis zum Boden etwa gleich, da das Wasser, das an der Oberfläche abgekühlt

Die Anziehung des Mondes auf das Wasser der Erde erzeugt Hochwasser auf der Seite, die dem Mond zugekehrt ist und auf der entgegengesetzten Seite. Der Stand des Mondes im Verhältnis zur Erde ist daher bestimmend für die Gezeitenkräfte.

wird, schwerer ist und deshalb nach unten absinkt. Auf diese Weise vermischen sich mit der Zeit die Wasserschichten zwischen Oberfläche und Boden.

Im Sommer ist der nördliche Teil der Nordsee der kälteste. Zwischen Oberfläche und Boden können zu dieser Jahreszeit große Temperaturunterschiede bestehen, da das Wasseer, das sich an der Oberfläche erwärmt, nicht unter das schwerere, kalte Wasser sinken kann. Da Wasser ein schlechter Wärmeleiter ist, kann einzig die Wellenbewegung eine Erwärmung von der Oberfläche nach unten bewirken. Ab einer Tiefe von 15 – 20 m fällt die Temperatur sehr rasch. Man nennt diesen Bereich die Temperatursprungschicht. Im Monat August liegt die Temperatur oberhalb der Sprungschicht über 14°, während die Durchschnittstemperatur unterhalb der Sprungschicht weniger als 8° beträgt.

Im südlichen Teil der Nordsee dringt die Erwärmung des Wassers im Spätsommer ganz bis zum Boden. Zu dieser Jahreszeit verläuft vom Skagerrak in südwestlicher Richtung über die Doggerbank eine Trennlinie, die das Grundwasser der Nordsee in einen kalten nördlichen und in einen warmen südlichen Teil scheidet.

Wasserströmungen, Temperaturwechsel, Wassertiefe, Gehalt und Material des Bodens – das alles zusammen gehört zum Milieu der Fische und ist daher für ihr Leben von Bedeutung. Jede einzelne Fischart ist in Lebensweise, Verbreitung und Menge den äußeren Bedingungen angepaßt.

Die beiden Karten auf Seite 17 zeigen die Temperaturverhältnisse der Nordsee am Boden. Oben: Frühjahr (März) Unten: Herbst (September). Das kalte Wasser ist mit hellen Farben markiert, das warme mit dunklen.

Die Bodentemperatur im südöstlichen Teil der Nordsee beträgt im März 2 – 4 °C, im nordwestlichen Teil 6 – 7 °C. Im September ist der südöstliche Teil der Nordsee am wärmsten (15 – 17 °C).

Die Fische der Nordsee

Sieht man, wie Fischkutter in Esbjerg, Hvide Sande oder Skagen ihren Fang anlanden, so bekommt man einen Eindruck davon, welche enormen Fischmengen in der Nordsee sein müssen. Tausende von Kisten mit Schollen, Kabeljauen, Heringen, Makrelen und vielen anderen Fischen werden täglich zu den Auktionen gebracht, und Milliarden von Stintdorschen, Sandspierlingen und Sprotten werden in große Waggons verladen und zu den Fischmehlfabriken transportiert. Unaufhörlich kommen Schiffe mit Fisch herein, und unaufhörlich laufen Schiffe zum Fang aus. Fischereifahrzeuge aus vielen verschiedenen Nationen ziehen tagaus tagein ihre Netze durchs Wasser der Nordsee, nur unterbrochen von stürmischem Wetter. Vier MillionenTonnen Fisch werden jährlich aus der Nordsee geholt.

Wer das Leben der Fische nicht kennt, erhält von diesen endlosen Reihen von Kisten mit toten Fischen, die in den Auktionshallen aufgestellt werden, wohl kaum einen anderen Eindruck, als daß es sich hier um ein massenhaft produziertes Lebensmittel handelt, das irgendwoher aus dem Meer geholt wird. Der Fischer aber kennt sie als lebendige Tiere, kennt im wesentlichen die Lebensweise der einzelnen Arten, weiß, wo sie sich im Sommer und im Winter aufhalten, ob sie sich in Riffen verbergen, auf Sand-

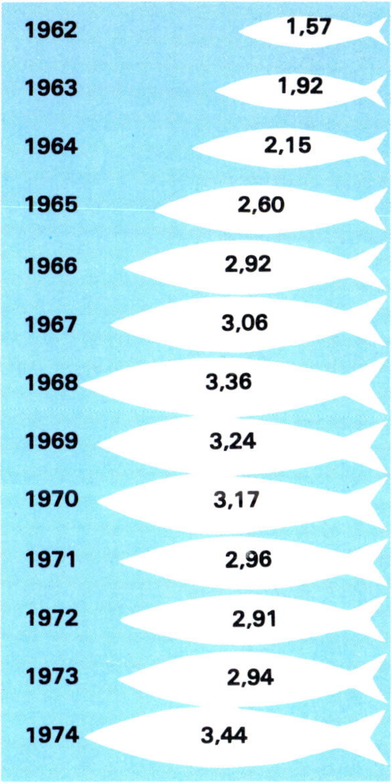

Gesamtfang in der Nordsee (in Millionen Tonnen angegeben)

boden leben oder in den oberen Wasserschichten schwimmen. Er weiß, zu welcher Tageszeit sie am leichtesten zu fangen sind, wann ihr Rogen ausgebildet ist und welche Plätze sie zum Laichen aufsuchen.

Auch die Fischereibiologen mit ihren Meeresforschungsschiffen jagen die Fische – nicht, um große Anlandungen zu machen, sondern um ständig mehr Kenntnisse über Lebensweise und Vorkommen all der einzelnen Fischarten zu erlangen, und um eventuell aussterbende Arten zu erhalten. Durch langjährige Untersuchungen hat man nach und nach Verbreitung, Vorkommen, Wanderungen und Lebensweise jeder einzelnen Fischart erforscht. Das Bild, das diese jahrelangen Untersuchungen vom Leben der Fische in der Nordsee gezeichnet haben und dem ständig neues Wissen hinzugefügt wird, berücksichtigt mehr als hundert Fischarten.

Man kann die Fische auf unterschiedliche Weise in Gruppen einteilen. Die zoologische, systematische Einteilung faßt die Fische in Familien zusammen, die aus Arten bestehen, die in ihrem Körperbau einander sehr ähnlich sind, z. B. die Familie der Dorsche mit Kabeljau, Schellfisch, Stintdorsch usw.

Man kann sie auch nach ihrer Verbreitung einteilen, und man kann sie nach ihrer Lebensweise einteilen – Schwarmfische oder Bodenfische.

Die meisten Fische der Nordsee leben in Bodennähe, denn hier gibt es große Mengen von Tieren, von denen sich die Fische ernähren: Würmer, Muscheln, Schnecken, Seeigel, Krabben. Es gibt mehrere tausend Arten von Bodentieren, die im Sand eingegraben leben, auf Steinen festgewachsen sind oder auf dem Boden krabbeln. Die Artzusammensetzung dieser Fauna ist von Wassertiefe und Bodenbeschaffenheit abhängig – besteht der Boden aus Stein, Sand oder Schlick? – und ändert sich von Süden nach Norden. Abhängig von der Nahrung ändert sich auch die Fischfauna. Es ist unmöglich, für die Verbreitung der Fische feste Grenzen zu setzen. Die Wahl ihrer Nahrung auf verschiedenen Altersstufen, die Temperaturen, die sie bevorzugen, die Anforderungen, die sie an ihren Laichplatz stellen, all diese Dinge bestimmen im wesentlichen, welche Seegebiete von welchen Arten bewohnt werden.

In der nördlichen Nordsee treffen wir vor allem solche Fische an, die ihre hauptsächliche Verbreitung im Norden haben. Es sind Fische, die es in der Barentsee, bei Island und Grönland gibt, und die nicht weiter als bis in die nördlichsten Teile der Nordsee nach Süden vordringen. Dies gilt z. B. für den Rotbarsch, den Heilbutt, den Wolfsfisch und den Schellfisch.
Im Gegensatz dazu gibt es im südlichen Teil der Nordsee Fische, die sich nie oder nur selten in den nördlichen Teil begeben. Dies sind z. B. die Seezunge, das Kleine Petermännchen und die Gestreifte Meerbarbe.
Es gibt Fische, die ihr ganzes Leben nahe der Küste in verhältnismäßig flachem Wasser verbringen (Stichling, Schwarzgrundel, Aalmutter, Seenadel). Und es gibt Fische, die nur dort vorkommen, wo das Wasser tief ist — in der Norwegischen Rinne. Hier leben in mehreren hundert Metern Tiefe Grenadierfisch, Seeratte und Goldlachs. Schließlich gibt es auch Fische, die fast überall in der Nordsee zu finden sind, jedoch auch nicht gleichmäßig verteilt. Einige bevorzugen Sandboden, andere Schlick. Wieder andere leben als Jungfische in Küstennähe und als erwachsene im offenen Meer, so z. B. der bekannteste Nordseefisch, die Scholle.
Die Schwarmfische wie Hering, Makrele, Sprotte, Hornhecht und Thunfisch verbringen ihr ganzes Leben im freien Wasser; sie schwimmen ununterbrochen. Ohne Unterlaß sind sie auf Wanderung, auf Jagd nach Nahrung oder unterwegs zum Laichplatz.

Hering *Clupea harengus*
Der Hering zählt zu den am zahlreichsten vorkommenden Fischen des nordatlantischen Gebiets. Man findet ihn an den Küsten Nordeuropas, bei Island, Südgrönland und in der Nähe der USA und Kanadas. Er tritt in seinem Verbreitungsgebiet in einer großen Anzahl verschiedener Stämme oder Rassen auf, die in ihrer Biologie gleich, in ihrer Lebensweise aber verschieden sind. Viele dieser Heringsrassen haben aufgrund ihres Verbreitungsgebietes einen eigenen Namen erhalten: Strömling nennt man den kleinen Hering, der im innersten Teil der Ostsee lebt, Downshering und Bankhering sind zwei Nordseerassen. Ferner gibt es noch den großwüchsigen Islandhering, den Weißmeerhering und den norwegischen Winterhering.
Heringsfische sind in Schwärmen lebende, freischwimmende Fische, die bis zu 40 cm lang werden und ein Alter bis zu 25 Jahren erreichen können. Sie kommen oft in ungeheuren Mengen, den sogenannten „Heringsbergen“ vor, die oft Tausende von Tonnen wiegen. Als Nahrung dient ihnen Plankton, das sie aus dem Atemwasser mit Hilfe des Kiemenfilters heraussieben. Im Wasser befinden sich ungeheuer große Mengen solcher Kleinor-

Hering

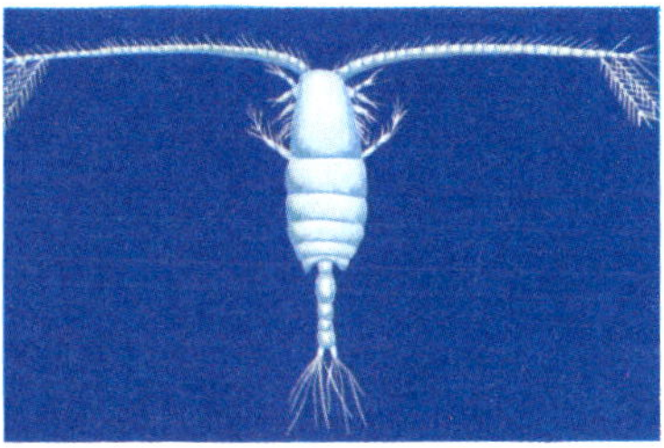

Oben: 24-Stunden-Rhythmus der Ruderfußkrebse

Links: Ruderfußkrebs

ganismen. Man schätzt, daß die Gesamtmenge des tierischen Planktons allein in der Nordsee etwa 10 Millionen Tonnen wiegt; hiervon nehmen allein die Ruderfußkrebse etwa zwei Drittel ein, also mehr als 6 Millionen Tonnen.

Ruderfußkrebse und viele andere Kleinorganismen wandern in einem 24-Stunden-Rhythmus im Wasser auf und ab. In der Nacht begeben sie sich hinauf an die Oberfläche, da hier die wesentliche Produktion pflanzlichen Planktons, von dem diese Kleintiere leben, erfolgt. Wenn es hell wird, fliehen sie vor dem Licht in die Tiefe. Bei den aktivsten dieser Planktontiere kann sich diese Tag- und Nacht-Bewegung zwischen Oberfläche und Boden auf 100 m belaufen.

Der Hering folgt nun seinen Nahrungstieren. Nachts hält er sich daher in Oberflächennähe auf, während er am Tage meist in Bodennähe steht. Nach diesen Lebensgewohnheiten richten sich wiederum die Fischer, die tagsüber ihre Netze über den Boden schleppen und nachts mit Treibnetzen nahe der Oberfläche fischen.

Der Hering hat wie die meisten anderen Fische eine mit Luft gefüllte

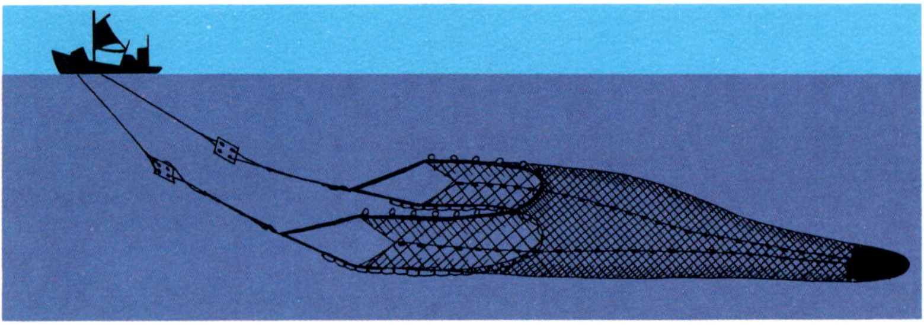

Schleppnetz

Schwimmblase, die sich dem Druck in den unterschiedlichen Tiefen anpaßt und mit deren Hilfe er seinen Auftrieb regulieren kann. Wenn ein Heringsschwarm z. B. nach oben steigt, verringert sich der Wasserdruck, und die Fische lassen durch einen besonderen Gang Luft ab. Handelt es sich um einen großen Fischschwarm, so kann man bei ruhigem Wasser sehen, wie das Wasser gleichsam „kocht", wenn Millionen von Luftbläschen die Oberfläche erreichen. Bevor man elektronische Hilfsmittel wie Echolot und Sonar besaß, war dies ein Zeichen, nach dem sich erfahrene Fischer richteten, wenn sie Heringsschwärme jagten.
Zu dieser Zeit war es auch noch üblich, die Heringsschwärme mit Hilfe eines Lots zu schätzen, das man an einem Kupferdraht durch den Schwarm führte. Wenn der Fischer seinen Finger leicht gegen den Kupferdraht legte, konnte er die Stöße der Fische gegen den Draht spüren, dies vermittelte ihm dann einen Eindruck, wie dicht die Heringe standen.
Während die Eier der meisten Fische, auch derjenigen, die am Boden leben, frei im Wasser schweben (pelagischer Laich), legt der Hering, seiner freischwimmenden Lebensweise zum Trotz, Bodeneier ab. Wenn die Eier abgestoßen sind, sinken sie zu Boden und bleiben an kleinen Steinchen haften. Hier sitzen sie einige Wochen, bis die Larven schlüpfen. Ein Hering legt zwischen 50 000 und 100 000 Eier, so daß ungeheure Mengen von Eiern eines einzigen Heringsschwarmes den Boden bedecken. Sie liegen hier in riesigen Hügeln, eins neben dem andern. Der Hering wird seit mehr als tausend Jahren gefangen. Im Mittelalter be-

Ungeheure Mengen von Heringseiern an einer Wasserpflanze

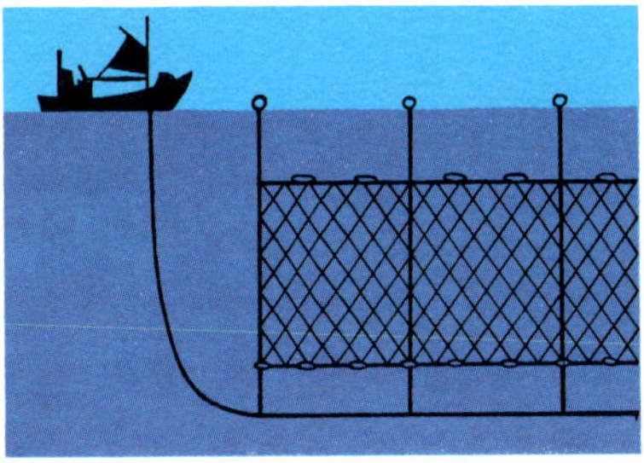

Treibnetz

Heringseier

trieb man große Fischereien an der ostenglischen Küste, bei Great Yarmouth und in der südlichen Nordsee bei Dieppe und Calais. Auch im Öresund wurde, vor allem im zwölften Jahrhundert, eine bedeutende Heringsfischerei betrieben. Der Hering hier stammt aus dem südlichen Kattegat und wandert jeden Herbst durch den Öresund, um zum Laichplatz zu gelangen. Das haben Fischmarkierungsexperimente ergeben, die in den 60er Jahren unseres Jahrhunderts durchgeführt wurden. Der Hering des nördlichen Kattegats dagegen zieht im Winter ins Skagerrak und in die Nordsee.

Hier draußen gibt es wieder andere Heringsrassen – die Nordseeheringe, die das Jahr hindurch ausgedehnte Wanderungen im gesamten Nordseebereich unternehmen. Sie laichen vor der englischen und schottischen Küste, ziehen als Jungfische ostwärts zum Blodengrund an der Westküste von Jütland und wandern als erwachsene Fische nordwärts in die Gewässer der Shetlandinseln.

Entsprechende Wanderungen werden von den Heringen anderer Gewässer unternommen. Der norwegische Hering laicht an der Westküste Norwegens, wandert dann nordwärts zur Barentsee und danach in isländische Gewässer.

In den letzten zwanzig Jahren ist die Fischerei derart intensiv gewesen, daß mehrere große Bestände beinahe ausgerottet wurden. Das betrifft den Bestand zwischen Norwegen und Island und auch die Nordseeheringe, die Mitte der 70er Jahre auf weniger als ein Zehntel ihrer ursprünglichen Anzahl reduziert waren.

Heringsfischerei im Mittelalter

Sprotte

Sprotte *Clupea sprattus*
Während die Anzahl der Heringe in der Nordsee immer kleiner wurde, hat sich zur gleichen Zeit ein anderer Heringsfisch, die Sprotte, vermehrt. Sie gleicht dem Hering zum Verwechseln, wird jedoch nicht größer als 15 – 16 cm und selten älter als 5 Jahre. Auch ihre Lebensweise gleicht im wesentlichen der des Herings. Während der Hering jedoch seine Eier auf dem Boden ablegt, laicht die Sprotte im freien Wasser; ihre Eier treiben dort, bis die Larven schlüpfen.
Die Sprotte tritt in der Regel in lokalen Beständen auf, deren größte man bisher im Skagerrak und in der südlichen Nordsee, in unmittelbarer Nähe der englischen Küste finden konnte. In der ersten Hälfte der 70er Jahre breitete sich diese Fischart über die ganze Nordsee aus und wird seitdem immer zahlreicher. Beweis dafür ist unter anderem die Sprottenfischerei, die in wenigen Jahren von ca. 100 000 t bis auf über eine halbe Million Tonnen im Jahre 1975 gestiegen ist. Es hat den Anschein, als ob die Sprotte nun den Platz des Herings übernimmt.

Gemeine Makrele *Scomber scombrus*
Während Hering und Sprotte in der gesamten Nordsee zu finden sind, hält sich die Makrele vor allem in der nördlichen Nordsee und im Skagerrak auf.

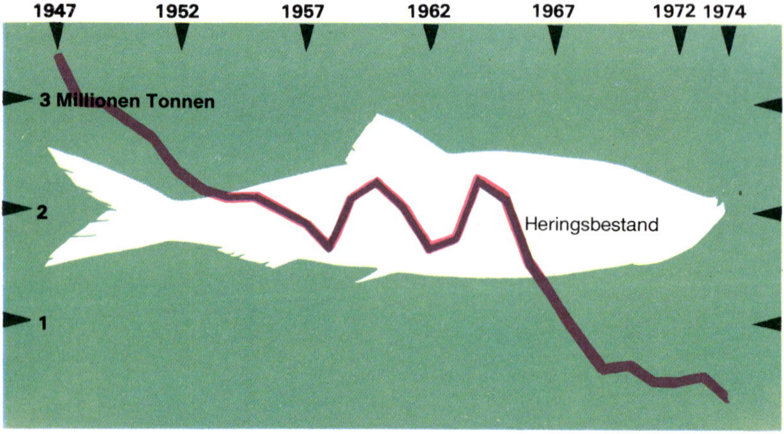

Sie besitzt eine Länge von 25 – 50 cm und lebt als Schwarmfisch im freien Wasser.
Im Sommer wandert eine große Zahl von Makrelen ins Kattegat, um dort zu laichen. Die abgelegten Eier schweben ca. 6 Tage lang in den obersten Wasserschichten, bis die Larven schlüpfen. Die Brut wächst schnell heran und erreicht im Verlauf des ersten Sommers eine Länge von ca. 15 cm. Nach etwa drei Jahren werden die Fische geschlechtsreif; sie haben dann eine Länge von ca. 30 cm. Nach der Laichzeit beginnen die inzwischen stark abgemagerten Makrelen wieder tüchtig zu fressen. Ihre Nahrung besteht zu einem großen Teil aus kleinen schwimmenden Krebstieren, aber auch aus Fischeiern und kleineren Fischen. Auf ihrer Nahrungssuche ziehen sie u. a südwärts ins Kattegat und ein Stück in die Ostsee hinein.
Die Makrele gehört wie die anderen Schwarmfische zu den schnellsten Schwimmern unter den Fischen. Die Spitzengeschwindigkeit beträgt bei einer erwachsenen Makrele 10 km in der Stunde. Da kleinere Fische nicht so schnell schwimmen können, dienen sie oft als Futter. So vor allem Heringe, die die Makrele mit ihren spitzen Zähnen packt und ganz hinunterschluckt.
Im Sommer kann man oft beobachten, wie ein Schwarm von Jungheringen von einem Makrelenschwarm verfolgt wird, und wenn man Glück hat,

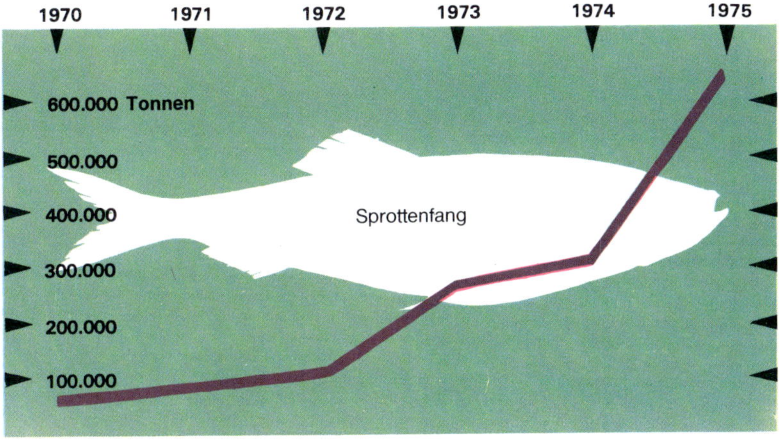

Im Spätsommer wird Fett in der Hautfalte, die das Auge der Makrele bedeckt, abgelagert. Viele glauben, sie sei blind.

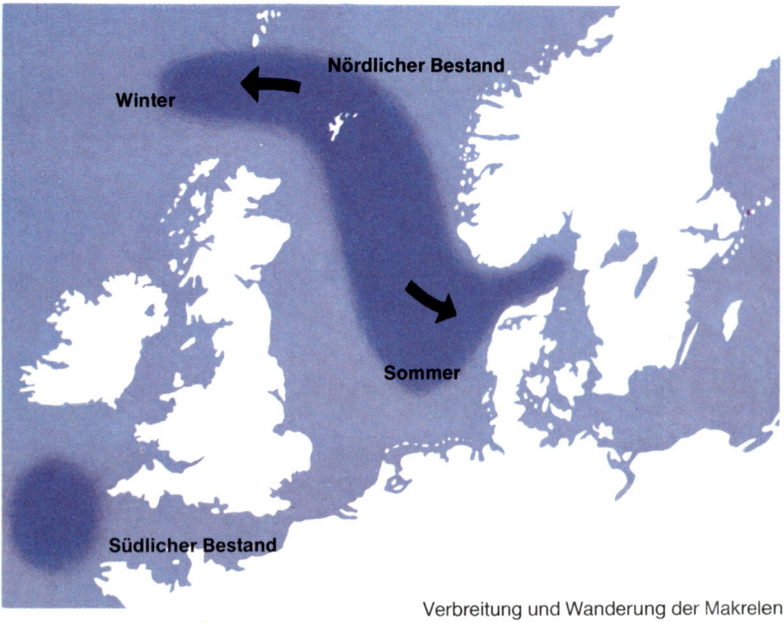

Verbreitung und Wanderung der Makrelen

kann man sehen, wie der Thunfisch wiederum die Makrelen verfolgt.
Im September ist die Makrele von all der im Sommer aufgenommenen Nahrung fett geworden, und sie wandert in das tiefere Wasser der nördlichen Nordsee, wo sie überwintert.
Da die Makrele ein Warmwasserfisch ist, findet man sie auch im Süden, an den Küsten Frankreichs und Spaniens und gelegentlich auch in tropischen Gewässern.
Es kann daher auf den ersten Blick merkwürdig vorkommen, daß sie im Winter nach Nordwesten zieht, aber gerade hier liegen die Temperaturen aufgrund des durchziehenden Golfstromes im Winter höher als im Kattegat und weiter südlich in der Nordsee.

Hornhechtjunge

Hornhecht

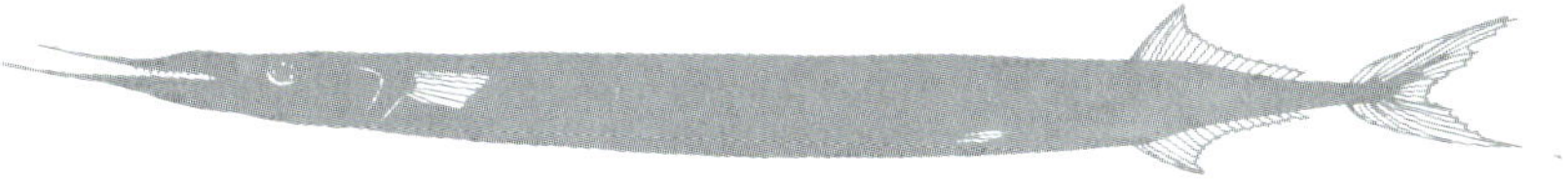

Hornhecht *Belone belone*
Hornhechte sind bis zu 70 cm großwerdende Schwarmfische mit langem, schlankgestrecktem Körper und langem, schnabelförmig ausgezogenem Ober- und Unterkiefer. Sie sind im Sommer zahlreich an den Küsten der Nordsee und des Kattegats vertreten, wo sie in den Tangwäldern des flachen Wassers ihre Eier ablegen und wo ihre Jungen in Planschbeckentiefe umherschwimmen. Im Herbst ziehen sie nach Westen in den östlichen Atlantik.

Thunfisch

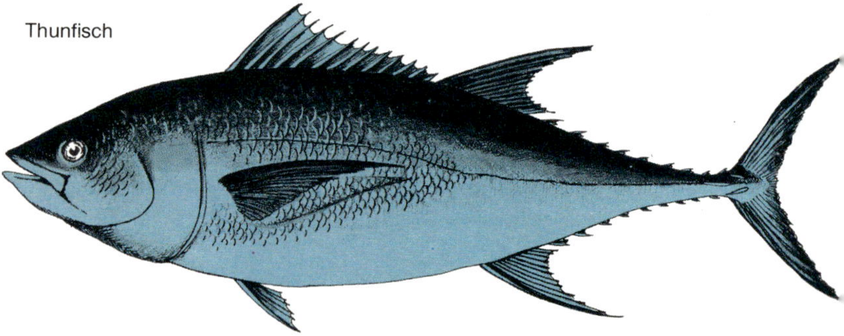

Thunfisch *Thunnus thynnus*
Auch der Thunfisch ist ein Sommergast unserer Gewässer. Die meisten Thunfische, die sich im August in der nördlichen Nordsee, im Skagerrak und Kattegat aufhalten, stammen aus dem Mittelmeer und aus dem Gewässer vor der nordafrikanischen Atlantikküste. Anhand von Markierungsexperimenten konnten auch Thunfische festgestellt werden, die aus den amerikanischen Küstengewässern kamen.

Der Thunfisch wird 80 – 140 cm lang und erreicht ein Alter von 15 Jahren. Er ist ein Zugfisch, der in größeren Tiefen anzutreffen ist. Im Alter von 3 – 4 Jahren wird der Thunfisch geschlechtsreif. Die Laichplätze befinden sich an mehreren Stellen im Mittelmeer und Atlantik, unmittelbar westlich von Gibraltar. Während der gesamten Laichperiode nimmt der Thunfisch keine Nahrung zu sich und erst nach dieser Zeit begibt er sich

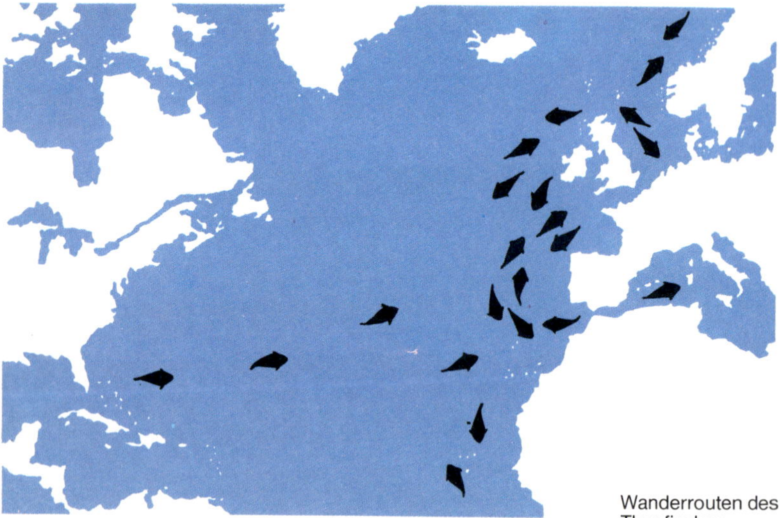

Wanderrouten des Thunfisches

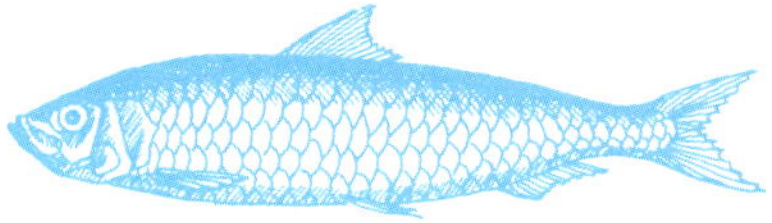

Sardine

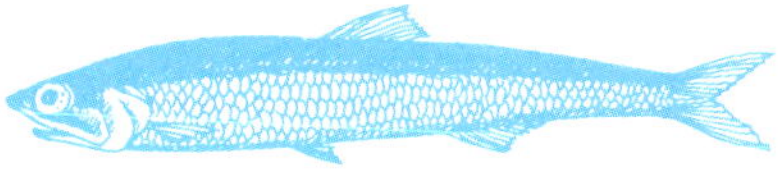

Sardelle

wieder auf Nahrungssuche. Der räuberische Fisch ernährt sich vor allem von Heringen und Makrelen.
Bei ihren Wanderungen gelangen die größten Thunfische bis nach Nordnorwegen; mittelgroße sieht man häufig westlich um Irland herum in die Nordsee und ins Skagerrak schwimmen. Die kleinen gelangen selten weiter nördlich als bis zum Golf von Biscaya.

Bastardmakrele, Sardine und Sardelle *Trachurus trachurus, Clupea pilchardus, Engraulis encrasicolus*
Es gibt noch andere südliche Schwarmfische, die im September in der Nordsee auftauchen, so z. B. die Bastardmakrele (Stöcker), die in großen Schwärmen vor allem im Gebiet südlich der Doggerbank anzutreffen ist. Sie wird ungefähr 25 cm lang und besitzt eine ähnliche Lebensweise wie die Makrele.
Auch die Sardine, deren nördlichstes Verbreitungsgebiet sich an der südenglischen Küste befindet, dringt ab und zu bis in die südliche Nordsee vor. Dieser Fisch besitzt eine oliv-bläulichgrüne Rückenfärbung, eine Länge von 14 – 20 cm und wird im 3. Lebensjahr geschlechtsreif. Die Sardine frißt vorwiegend Planktontiere, nach denen sich auch ihre Wanderungen im Atlantik richten.
Schließlich noch die Sardelle (Anchovis), die zeitweise in recht großer Zahl in der Nordsee auftaucht. Sie hat eine charakteristische Körperfärbung: Rücken grün bis grünlichblau, Seiten und Bauch silbrigweiß und wird max. 16 cm lang.

Bastardmakrele

Schwertfisch

Riesenhai

Schwertfisch, Riesenhai und Riemenfisch *Xiphias gladius, Cetorhinus maximus, Regalecus glesne*
Unter den selteneren Gästen der Nordsee, vor allem im nördlichen Teil, finden wir einige der größten und äußerst apart aussehenden ozeanischen Fische, z. B. den Schwertfisch, der über 3 m lang werden kann. Das „Schwert“ (schwertartig ausgezogener Oberkiefer) kann bis zu ⅓ der Gesamtlänge beim erwachsenen Fisch betragen. Der Schwertfisch ist am Rücken dunkel- bis schwarzblau gefärbt, an den Seiten aufhellend zu blau- bis silbergrau. Er ernährt sich räuberisch von Heringen und Makrelen. Beim Fang seiner Beute schlägt er wild mit dem Schwert um sich, um dann die bewußtlos geschlagenen oder gar getöteten Fische zu fressen.
Ein anderer Riesenfisch, der Riesenhai, geht den Fischern gelegentlich ins Netz. Er wird bis zu 12 m lang, hat einen schwarzgrauen Rücken und wird zum Bauch hin immer heller. Dieser Hai ist kein gefräßiger Räuber, sondern ein friedlicher Planktonfresser. Mit seinen enorm vergrößerten Kiemenspalten kann er mehr als tausend Tonnen Wasser in der Stunde filtern.

Riemenfisch

Der Riemenfisch oder auch Heringskönig genannt, wird bis zu 7 m lang, jedoch nur 20 – 30 cm hoch. Er hat also nahezu die Form eines Aals, ist aber silberfarben wie ein Hering. Auf dem Kopf trägt er vier freie, keulenförmige Rückenflossenstrahlen, die wie eine Krone aussehen. Dieser Kopfschmuck und seine Farbe haben ihm den Namen „Heringskönig“ eingebracht.

Scholle *Pleuronectes platessa*
Einer der bekanntesten Fische der Nordsee ist die Scholle. Sie gehört zur Ordnung der Plattfische (*Pleuronectiformes*). Sie besitzt einen seitlich scheibenartig zusammengedrückten Körper mit auf der rechten Kopfseite stehenden Augen und einem endständigen Mund, wird ca. 60 cm groß und ist ein echter Grundfisch. Die Scholle ist im nordöstlichen Teil des Atlantiks weit verbreitet. Man findet sie an den Küsten Europas von Portugal bis Nordnorwegen und auch in den isländischen Gewässern. Etwa 100 000 t oder ca. 300 Millionen Schollen holen die Fischer der Nordsee jährlich aus dem Meer. Die Schollen laichen im Winter. Die jungen Fische von 3 – 4 Jahren, die gerade laichreif geworden sind, legen je etwa 50 000 Eier ab, während die alten Schollen bis zu 0,5 Millionen Eier ablegen können. Die Eier werden im Wasser befruchtet, und im Verlauf von 2 – 3 Wochen schlüpfen die Larven. Damit der Laich im freien Wasser schwimmen

kann, muß das Wasser einen Salzgehalt von mindestens 10 – 12 Promille haben.
In den ersten Lebenswochen sehen die Schollen überhaupt nicht wie Plattfische aus. Sie haben die gleiche Gestalt wie kleine Heringe oder Kabeljaue. Erst wenn sie 1 – 2 Monate alt sind, erfolgt eine totale Veränderung ihrer Körperform. Das eine Auge beginnt auf die entgegengesetzte Seite des Kopfes zu wandern und nähert sich dort dem anderen Auge. Gleichzeitig dreht sich der Kopf und wird unsymmetrisch, auch das Maul dreht sich und wird schief. Während dieser Verwandlung begibt sich der Fisch an den Boden und legt sich auf die eine Seite. Rücken- und Bauchflossen wachsen vor bis zum Kopf, und auf der nach unten gekehrten Seite verschwindet aus der Haut der Farbstoff. Die Scholle ist nun ein richtiger Plattfisch geworden.
Genau dasselbe Entwicklungsschema findet man bei den anderen Plattfischen – bei Kliesche, Flunder, Seezunge und Steinbutt, jedoch mit dem Unterschied, daß sich Scholle, Kliesche und Seezunge auf die rechte Seite legen, während sich der Steinbutt auf die linke legt und Kiemen und Bauchhöhle daher links sind, wenn man ihn von oben in Richtung vom Schwanz zum Kopf betrachtet. Die Flundern dagegen sind bald nach rechts, bald nach links gedreht. Die kleine Scholle, die nach der Umwandlung die Größe einer Briefmarke hat, schwimmt in das flache Wasser in unmittelbarer Küstennähe. Hier ernährt sie sich von kleinen Würmern und Krebstieren. Mit zunehmendem Alter werden die Tiere, die ihr zur Nahrung dienen jedoch immer größer. Das Wattenmeer an der dänischen, deutschen und holländischen Nordseeküste ist ihr Aufwuchsgebiet. Nach ca. 1 Jahr haben sie eine Größe von 10 – 12 cm erreicht und begeben sich nun in das tiefere Wasser. Sie leben hauptsächlich auf sandigem Boden bis in Tiefen von 200 m. Da Schollen ihre Nahrung mit den Augen suchen, sind sie haupt-

Von den Laichplätzen in der südlichen Nordsee treiben die Schollenlarven der Küste entlang nordwärts. In den ersten Jahren leben sie in Küstennähe, wenn sie allmählich größer werden, gehen sie weiter in die See hinaus.

d

e

Scholle
a. Ei
b, c. Pelagische Larven
d. Bodenstadium
e. Kopf einer erwachsenen Scholle
f. Erwachsene Scholle

sächlich am Tag aktiv, während der Nacht graben sie sich im Sand ein. Im südlichsten Teil der Nordsee gibt es ein Gebiet, in dem ein kleiner Schlangenstern lebt, der selbstleuchtende Arme besitzt, so daß er auch nachts von den Schollen gesehen und gefressen werden kann.

Je älter und größer die Schollen werden, um so weiter entfernen sie sich von der Küste. Die größten Schollen gibt es auf der Doggerbank.

f

a

b

Seezunge
a. Erwachsene Seezunge
b. Kopf von oben
c. Kopfunterseite
d. Markierung
e. Nahrungssuche

Seezunge *Solea solea*
Die Seezunge ist eine südliche Art. Sie kommt vor im Mittelmeer und nordwärts längs der europäischen Küste bis in die Mitte der Nordsee, wo die nördliche Grenze ihrer Verbreitung liegt. Sie hält sich vorwiegend auf san-

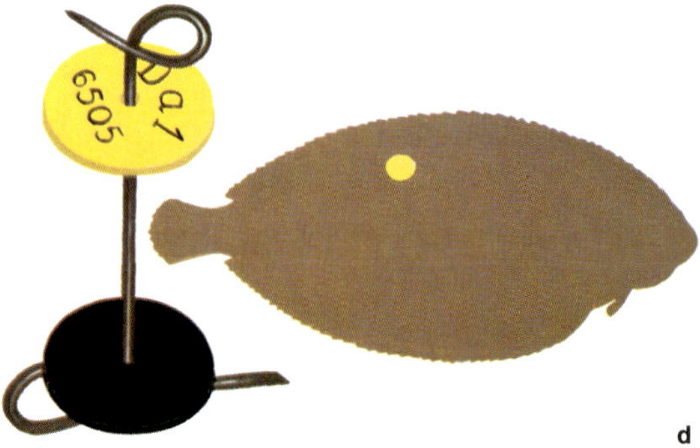

d

digem oder schlammigem Boden in einer Tiefe von 10 – 60 m auf. In einem Alter von 4 – 8 Jahren kann sie maximal 30 – 40 cm lang sein. Ihre Lebensweise ähnelt der anderer Plattfische, sie hat aber z. B. einen anderen Tag- und Nachtrhythmus. Die Seezunge liegt tagsüber eingegraben im Sand und sucht vorwiegend nachts ihre Nahrung, die aus dünnschaligen Muscheln, Borstenwürmern und Krebsen besteht. Mit Hilfe von besonderen Tastfäden, die an der Unterseite ihres Kopfes sitzen, findet sie – über den Boden gleitend – ihre Nahrungstiere.

Im Winter halten sich die Seezungen im südlichen Teil der Nordsee auf, um im zeitigen Frühjahr landeinwärts zu den Laichplätzen an der belgischen und holländischen Küste, in die Helgoländer Bucht und ins Gebiet vor der Westküste Jütlands zu ziehen. Die Fische nähern sich in der Laichzeit dem Strand bis auf wenige hundert Meter und legen dort Eier und Samen ab. Das geschieht in der Regel im Juni. Ab Anfang Mai halten sich die Seezungen jedoch schon in dieser Gegend auf und können zu dieser Zeit besonders gut gefangen werden.

Markierungsexperimente, die Anfang der 60er Jahre durchgeführt wurden, zeigten, daß Seezungen der nördlichsten Bestände in jedem Frühjahr Wanderungen von mehr als 100 Seemeilen (185 km) unternehmen, um zu ihrem Laichplatz zu gelangen. Für die

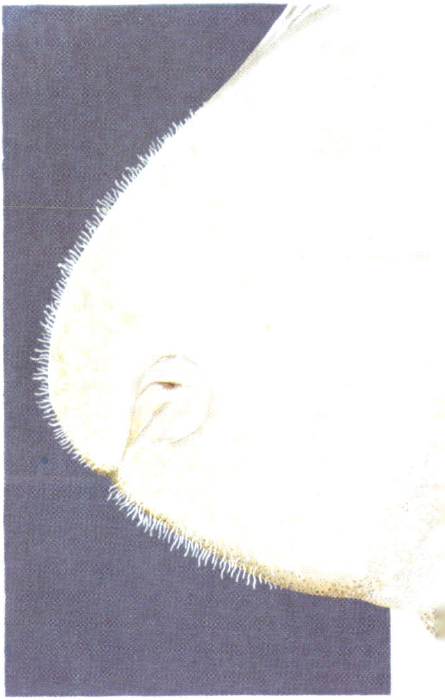

c

Wanderungen zur Küste spielt die Temperatur eine große Rolle. Bereits im März sind die Seezungen unterwegs, doch sie machen gut einen Monat lang 70 – 80 Seemeilen von der Küste entfernt „halt“. Hier stoßen sie nämlich auf kaltes Küstengewässer, in das sie sich nicht eher hineinwagen, ehe nicht die Sonne es auf 6 –9° erwärmt hat. Dies geschieht in der Regel Anfang Mai.

Man hat Seezungen beobachtet, die nachts in der Nähe der Oberfläche schwammen, wo man einen Plattfisch normalerweise nicht vermutet. Untersuchungen zeigten, daß die Seezungen den Gezeitenstrom ausnutzen, um schneller landeinwärts zu gelangen. Wenn der Strom auf die Küste zu verläuft, schwimmen sie zur Oberfläche, wo die Strömung am stärksten ist. Hat er die entgegengesetzte Richtung, so begeben sie sich an den Boden.

e

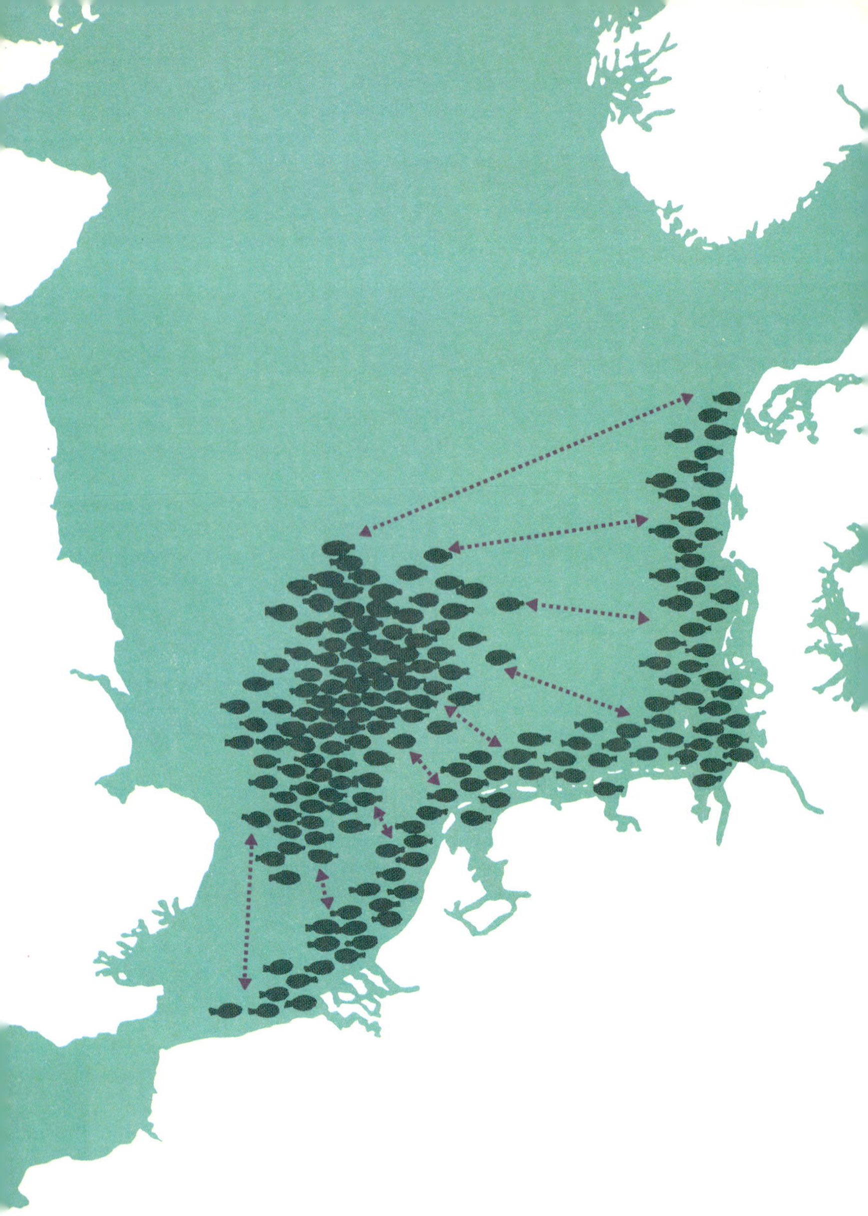

Die Seezungen laichen im Frühjahr dicht an der Küste und ziehen im Herbst zur südlicheren Nordsee

Steinbutt

Steinbutt und Glattbutt *Psetta maxima, Scophthalmus rhombus*
Der Steinbutt kommt in der Nordsee nur vereinzelt vor, vor allem jedoch in Gebieten mit steinigem Boden. Er hat einen fast kreisrunden Körper, dessen Augenseite unbeschuppt ist. Der Steinbutt erreicht eine Länge von 40 – 60 cm. Er ernährt sich in der Hauptsache von anderen Fischen, die er mit seinem großen, kräftigen Maul und den spitzen Zähnen gut packen kann. Er laicht von April bis August; einer seiner bekanntesten Laichplätze liegt vor der Küste Nordjütlands auf den Fischerbänken. Ein Steinbutt legt jährlich über 10 Millionen Eier ab.
Der Steinbutt hat einen Verwandten, der ihm sowohl in Aussehen als auch in der Lebensweise sehr ähnlich ist, den Glattbutt. Er ist etwas kleiner und hat keine Hautknochen auf der Oberseite, sondern kleine, glatte Schuppen. Zu der Familie der Butte zählen auch noch die Lammzunge (*Arnoglossus laterna*), die jedoch wegen ihrer geringen Größe (max. 20 cm) ohne fischereiwirtschaftliche Bedeutung ist, der Flügelbutt (*Lepidorhombus whiffiagonis*), Müllers Zwergbutt und der

Buttennetz

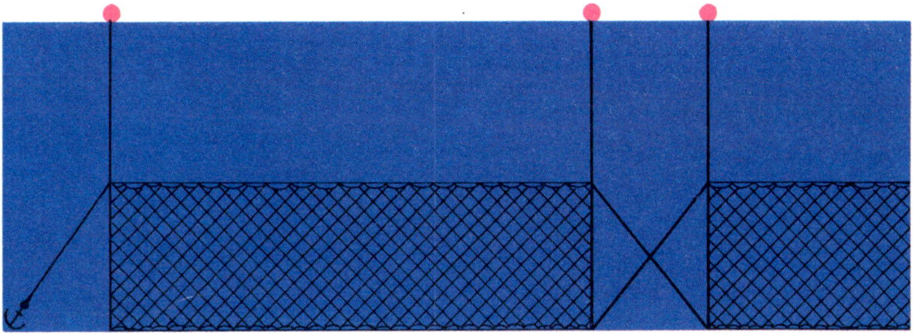

Flügelbutt

Steinbutt

Müllers Zwergbutt

Glattbutt

Norwegischer Zwergbutt

Norwegische Zwergbutt (*Phrynorhombus norvegicus*), die kleinste nordeuropäische Plattfischart. Er hat eine maximale Länge von 10 – 12 cm und lebt vorwiegend auf steinigem Grund.
Auch die Seezunge hat einen kleineren Verwandten in der Nordsee, die Zwergzunge (*Microchirus boscanion*), die als erwachsener Fisch nie größer als 10 – 12 cm wird.

Kliesche und Flunder *Limanda limanda, Platichthys flesus*
Kliesche und Flunder gehören ebenfalls zur Ordnung der Plattfische. Die Flunder kommt in der Nordsee recht selten vor, sie bevorzugt Wasser mit niedrigem Salzgehalt, z. B. die Ostsee. Die Flunder erreicht eine maximale Körperlänge von 50 cm. Sie ist ein Grundfisch, der sich bis in 25 m Tiefe aufhält. Die Kliesche findet man vor allem in der südlichen Nordsee recht häufig. Sie wird selten über 40 cm lang und lebt schwarmweise auf sandigem Grund. Da sie sich von denselben Nahrungstieren ernährt wie die Scholle (Muscheln, Würmern, Schlangensternen), konkurrieren diese beiden Fischarten um die Nahrung und halten sich auf Abstand.

Kliesche

Flunder

Rotzunge

Doggerscharbe

Hundszunge, Doggerscharbe und Rotzunge *Glyphocephalus cynoglossus, Hippoglossoides platessoides, Microstomus kitt*
Während Kliesche, Scholle und Seezunge Plattfische sind, die im südlichen Teil der Nordsee dominieren, findet man im nördlichen Teil Arten wie Hundszunge (Limande), Doggerscharbe und Rotzunge. Doggerscharbe und Hundszunge bevorzugen weichen Grund bis in ca. 400 m Tiefe. Beide Fische erreichen eine maximale Länge von 50 cm. Die Rotzunge ist etwas kleiner und bevorzugt harten, steinigen Grund von 20 m Tiefe an. Sie kommt häufig in den norwegischen Fjorden und an den Abhängen der Norwegischen Rinne vor. Hier lebt auch der größte aller Plattfische – der Heilbutt (*Hippoglossus hippoglossus*), der 3 m lang, 50 Jahre alt und über 200 kg schwer werden kann.

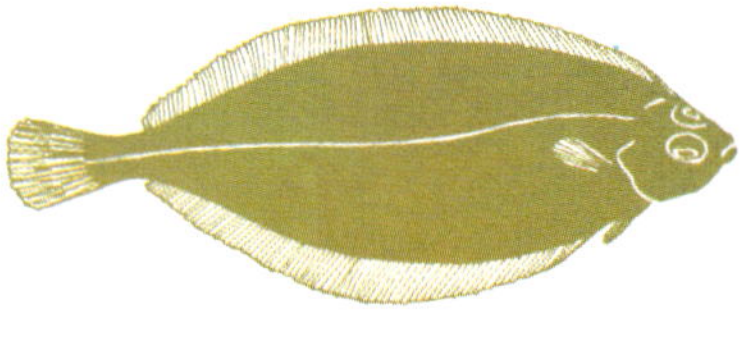

Hundszunge

Heilbutt

Kabeljau *Gadus morrhua*

Ebenso wie die Plattfische in der Nordsee von Süden bis Norden mit zahlreichen Arten reich vertreten sind, hat besonders eine Familie unter den „Rundfischen" in diesem Meer günstige Lebensbedingungen gefunden, die Familie der Dorschfische, deren „Oberhaupt" der Kabeljau oder Dorsch ist.

Der Kabeljau, der in noch nicht geschlechtsreifem Alter Dorsch genannt wird, erreicht eine Länge von ca. 1,5 m bei einem Gewicht von 40 kg. Seine Grundfarbe wechselt je nach Aufenthaltsgebiet. Er hält sich meist in Grundnähe (5 – 600 m Tiefe) auf und bevorzugt eine Temperatur von 2 – 10 °C. Der Kabeljau ist ein ausgeprägter Raubfisch, der von anderen Fischen lebt, jedoch auch Muscheln, Krebstiere und Seeigel vom Boden frißt. Er ist überall in der Nordsee zu finden. Der Kabeljaubestand der Nordsee ist eine der sechs großen Kabeljaupopulationen der Welt. Die anderen sind: der Neufundland-Kabeljau im Westatlantik, der grönländische und der isländische Kabeljau, der Kabeljau bei den Lofoten und in der Barentsee und der Ostseedorsch.

In der Nordsee gibt es drei Stämme von Kabeljauen: einen im Gebiet südlich der Doggerbank, der seinen Laichplatz im Englischen Kanal hat, einen nördlich der Doggerbank, der in der Helgoländer Bucht laicht und einen nördlich von Schottland, der vor der schottischen Westküste laicht. Außerhalb der Laichzeit vermischen sich jedoch diese drei Bestände wieder.

In der Ostsee, in der es zwei Bestände von Kabeljauen gibt, hat man durch Blutgruppenbestimmung festgestellt, daß es sich um zwei in erblicher Hinsicht verschiedene Fischbestände handelt. Die Blutgruppenverteilungen zeigen, daß der Dorsch in der östlichen Ostsee ein Bestand für sich ist, der Dorsch in der westlichen Ostsee und im Kattegat einen zweiten Bestand bildet, der Nordseekabeljau wiederum

a

Kabeljau
a. Erwachsener Fisch
b. Kabeljaumarke
c. Fischen bei Wracks
d. Kabeljaue treten in örtlichen Beständen auf. Die Markierung hat gezeigt, daß sie im Winter zu besonderen Laichgebieten ziehen (dunkelblau)

c

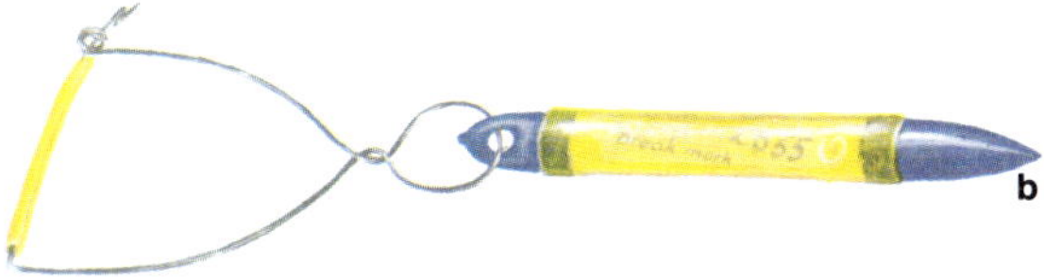

b

d

einen dritten. Zwischen den drei Stämmen der Nordsee konnten jedoch keine genetischen Unterschiede festgestellt werden.
Die kleinen Kabeljaue (= Dorsche), die im Alter von 8 – 13 Jahren geschlechtsreif werden, leben in unmittelbarer Küstennähe. Draußen im tiefen Wasser findet man in Riffen und Wracks die größten und ältesten. Dies hängt vermutlich damit zusammen, daß sie hier vor Trawlfischerei geschützt sind.
Obwohl der Kabeljau kein Schwarmfisch ist, kommt er doch häufig in sehr großer Dichte vor, dort nämlich, wo reichlich Nahrung vorhanden ist. Am Rande der Doggerbank, wo es gewaltige Mengen von Sandspierlingen gibt, befinden sich oft Tausende von großen Kabeljauen. In der Helgoländer Bucht stieg der Kabeljaufang im Eiswinter 1963 um das fünffache. Es war im Küstengewässer für die kleinen Seezungen zu kalt geworden, die nun in riesigen Mengen in tieferes und wärmeres Wasser zogen. Dies wiederum lockte die Kabeljaue an.

Wittling

Wittling *Gadus merlangus*
Dieser Angehörige der Dorschfische wird bis zu 40 cm lang. Im Gegensatz zum Kabeljau besitzt er keinen Bartfaden. Er lebt in Küstennähe in Tiefen von 20 – 40 m, vorzugsweise über schlammigem Grund. Seine Nahrung besteht vorwiegend aus Kleinfischen, von denen er große Mengen frißt. Dieser Umstand hat dazu beigetragen, daß man das Mindestmaß der Wittlinge für den Fischfang auf eine Länge von 23 cm herabgesetzt hat. Die Laichzeit der Wittlinge erstreckt sich über mehrere Monate. In der südlichen Nordsee beginnt der Laichakt bereits im Januar, im nördlichen Teil kann man noch im September Eier und Larven finden. Ein Wittlingsweibchen legt zwischen hunderttausend bis zu einer Million Eier ab. In der ersten Zeit halten sich die Larven in Bodennähe auf, wenn sie jedoch ca. 5 cm lang sind, kann man sie schon im freien Wasser antreffen. Sehr interessant bei den Dorschfischen ist, daß man die kleinen Fischchen häufig in Gesellschaft von Quallen, vor allem der großen roten Nesselqualle, antreffen kann. Durch das „Gitter" von giftigen Nesselfäden sind die kleinen Fischchen ausgezeichnet gegen größere Raubfische geschützt. Wenn der Wittling etwa 10 cm groß ist, lebt er vor allem von Garnelen, wird er größer, besteht seine Nahrung mehr und mehr aus Fischen (Stintdorsche, Sandspierlinge, Heringe).

Kleine Wittlinge unter einer Qualle

Schellfisch *Melanogrammus aeglefinus*
Der dritte der am häufigsten vorkommenden großen Dorschfische in der Nordsee, der Schellfisch, wird bis zu 65 cm groß und hat eine Lebensdauer von ca. 20 Jahren. Er ist an seiner schwarzen Seitenlinie und an dem großen schwarzen Fleck über der Brustflosse zu erkennen. Er lebt als Zugfisch in bodennahen Schwärmen in einer Tiefe zwischen 30 und 100 m. Der Schellfisch hat ganz andere Freßgewohnheiten als Kabeljau und Wittling, er ernährt sich vorwiegend von Bodentieren und Fischlaich. Seinem Maul mit dem zurückliegenden Unterkiefer kann man geradezu ansehen, wie er den Boden nach Würmern, Muscheln und anderen Bodentieren oder Heringslaich, der oft den ganzen Boden bedeckt, „abgrast".

Die Abbildungen dieser Seite zeigen die verschiedene Ausbildung des Fischmaules der vier großen Plattfische.

Rechts: Der Köhler lebt in Schwärmen und ernährt sich von kleinen Fischen und Plankton. Der Schellfisch lebt hauptsächlich von Bodentieren. Der Kabeljau frißt sowohl Bodentiere als auch Fische, und der Wittling lebt ausschließlich von Fischen.

Kabeljau

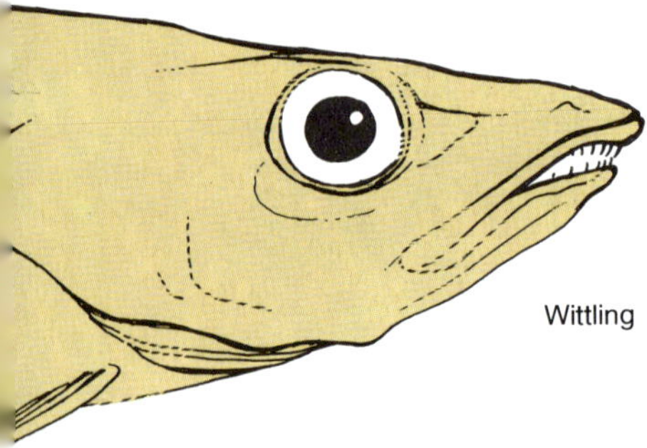

Wittling

Schellfisch

Köhler

Köhler *Polachius virens*

Der vierte der bekannten großen Dorschfische, der Köhler, hat eine wiederum andere Freßgewohnheit. Er lebt nahezu wie eine Makrele. Er ist ein ausgesprochener Schwarmfisch, der kleine Krebstiere und Fischbrut jagt. Er wird bis zu 1 m lang und erreicht ein Alter von ca. 25 Jahren.

Der Köhler hat einen nahen Verwandten, den Pollack (*Polachius polachius*), der in der nördlichen Nordsee vorkommt.

Die vier größten und am häufigsten vorkommenden Dorschfische haben aufgrund ihrer verschiedenen Nahrungsgewohnheiten auch verschiedene Verbreitungsgebiete. So kommt der Wittling am häufigsten in der Nordsee vor, kleinere Bestände sind auch im Kattegat und im Gewässer westlich der britischen Inseln zu finden. Schellfisch und Köhler dagegen treten in größeren Beständen in der Nähe von Nordnorwegen und in isländischen und faröischen Gewässern auf.

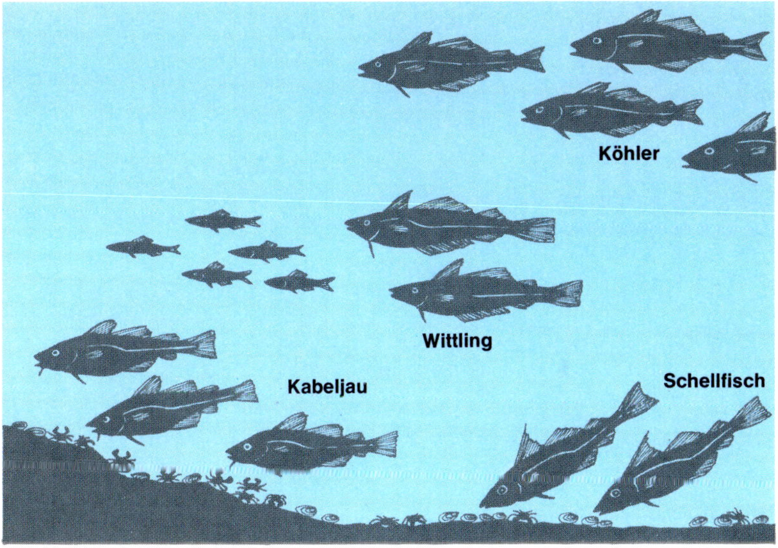

Stintdorsch *Trisopterus esmarki*
Die Stintdorsche gehören zu den am zahlreichsten vorkommenden Angehörigen der kleinen Dorschfische. Sie werden selten größer als 20 cm und nur wenige Jahre alt. Ihr Hauptverbreitungsgebiet liegt in der nördlichen Nordsee. Wegen ihrer geringen Größe sind die Stintdorsche als Speisefische ungeeignet, werden aber seit den 60er Jahren tonnenweise als Industriefische, d. h. zur Gewinnung von Fischmehl und Fischöl gefangen. Man landet jetzt bis zu 0,5 Millionen Tonnen jährlich an, das sind etwa 20 Milliarden Fische. Diese riesige Steigerung des Stintdorschfanges wurde nicht nur durch eine intensivere Befischung erreicht, sondern auch dadurch, daß der Stintdorsch sich seit etwa Mitte der 60er Jahre bedeutend vermehrt hat. Eine Erklärung hierfür liegt in der intensiven Makrelenfischerei in der nördlichen Nordsee, durch die der Makrelenbestand auf etwa ein Fünftel seiner ursprünglichen Größe reduziert wurde. Da die Nahrung der Makrelen zu einem großen Teil aus Stintdorschlarven besteht, stieg bei Abnahme des Makrelenbestandes der Stintdorschbestand an, da nicht mehr so viele Stintdorschlarven gefressen wurden.

Stintdorsch

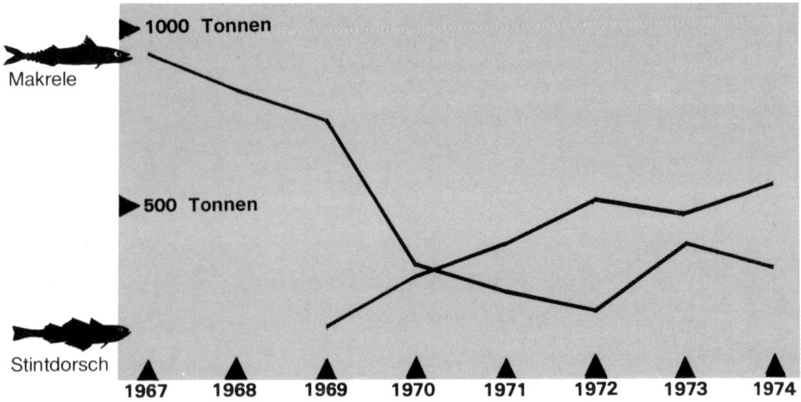

Fang von Makrele und Stintdorsch in der Nordsee

Blauwittling *Gadus poutassou*
Der Stintdorsch ist nur in der nördlichen Nordsee in Tiefen zwischen 100 und 250 m zu finden. Im gleichen Gebiet lebt der Blauwittling, der in Tiefen von 80 – 300 m vorkommt, vorzugsweise über sandigem Grund. Er erreicht eine Länge von 30 – 40 cm und ist an der schwarzen Innenseite seiner Mundhöhle und der Kiemendeckel zu erkennen. Einen sehr großen Bestand dieser Fische gibt es zwischen dem Gewässer westlich der britischen Inseln und der nördlichen Nordsee zwischen den Faröern und Norwegen.

In entsprechender Tiefe findet man noch zwei andere kleine Dorschfische, den Zwergdorsch (*Gadus minutus*) und den Silberdorsch (*Gadiculus thori*), die ca. 25 bzw. ca. 15 cm lang werden. Die kleinen Dorscharten ernähren sich hauptsächlich von Krebstieren und Kleinfischen. Sie sind für die Fischerei von unwesentlicher Bedeutung und treten nur als Beifang auf.

Verbreitung des Blauwittlings im Gewässer nördlich der britischen Inseln.

Leng

Seehecht

Lumb

Gabeldorsch, Leng, Seehecht und Lumb *Urophycis blennioides, Molva molva, Merluccius merluccius, Brosme brosme*

Außer den bereits genannten großen Dorschfischen gibt es noch einige andere, die durch die besondere Länge der letzten Rückenflosse und der Afterflosse auffallen. Es sind dies der Gabeldorsch, der Leng, der Seehecht und der Lumb. Sie alle leben in tiefem Wasser im nördlichen Teil der Nordsee und des Skagerraks.

Der Gabeldorsch ist eigentlich ein Mittelmeerfisch, sein Verbreitungsgebiet erstreckt sich jedoch nach Norden längs der Abhänge des Festlandes und in die tiefe Norwegische Rinne hinein. Er wird selten über 60 cm lang und lebt in größeren Tiefen vorwiegend auf schlammigem Grund.

Fast dieselbe Verbreitung wie der Gabeldorsch hat auch der Seehecht. Dieser Fisch wird 50 – 80 cm groß. Tagsüber hält er sich in Bodennähe auf, während er nachts höher steigt.

Der Leng und der Lumb sind bei Island und längs der gesamten norwegischen Küste zu finden. Der Leng kann bis zu 2 m lang werden und ist somit der größte der Dorschfische; der Lumb erreicht eine Größe von 40 – 90 cm.

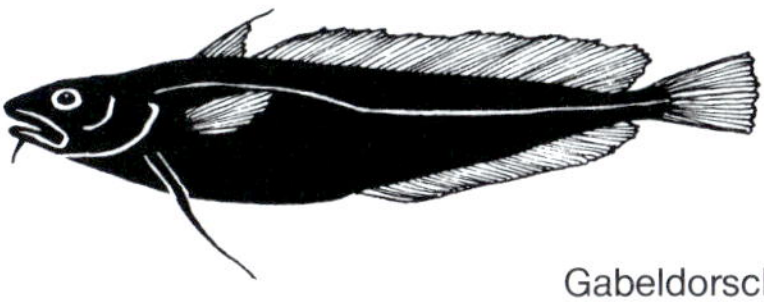
Gabeldorsch

Dreibärtelige Seequappe

Sandspierling

Seequappen *Lotinae*
Diese Fischarten gehören ebenfalls zu den Dorschfischen. Sie kommen vornehmlich in flachem Wasser in den Algenzonen der gesamten Nordsee vor. Man unterscheidet sie je nach Anzahl ihrer Bartfäden in: Dreibärtelige (*Onos tricirratus*), Vierbärtelige (*Enchelyopus cimbricus*) und Fünfbärtelige Seequappe (*Ciliata mustella*). Sie erreichen eine Länge zwischen 30 und 60 cm.

Sandspierling *Ammodytes lanceolatus*
Obwohl dieser Fisch, den man auch Großen Sandaal nennt, über ein sehr großes Gebiet der nördlichen Halbkugel verbreitet ist, ist er nur an ganz wenigen Stellen in so großen Mengen zu finden, daß sich die Fischerei lohnt. Sandspierlinge werden in der Hauptsache nur von dänischen Fischern gefangen. In den wenigen Monaten der Saison werden bis zu 400 000 Tonnen

Sandspierling gräbt sich im Boden ein

angelandet, das ist etwa ¼ des gesamten dänischen Fischfanges in einem Jahr. Der Sandspierling gehört zu den Barschfischen. Er wird ca. 20 – 30 cm groß und besitzt eine kleinschuppige Haut. Sein Name sagt etwas über seine Lebensweise aus. Der Fisch lebt über sandigem Grund vom Flachwasser an. Bei Beunruhigung gräbt er sich blitzschnell ein. Er begibt sich kopfüber in den Sand und verschwindet dann vollständig. Diese Fische leben die meiste Zeit im Winter und auch nachts so eingegraben.

Wenn der Sandspierling fressen will, und das ist stets bei Tag der Fall, schwimmt er in die obere Wasserschicht, wo er seine Nahrung in Form von Planktontieren, die im Wasser treiben, findet.

Die Ursache für das Auftreten riesiger Mengen von Sandspierlingen am Südhang der Doggerbank, liegt in den hier vorhandenen besonderen Strömungsverhältnissen. Durch einen kräftigen, lokalen Gezeitenstrom werden regelmäßig große Mengen von Plankton zugeführt, dies wiederum zieht die Sandspierlinge in großen Scharen an. Zweimal am Tag, wenn der Strom die Richtung ändert, hat er eine derartige Stärke, daß die Fische sich dicht an den Boden drängen müssen. Ziehen die Fischer zu diesem Zeitpunkt ihre Schleppnetze über den Grund, so können sie riesige Mengen von Sandspierlingen heraufholen. Sandspierlinge werden als Industriefische verwendet. Als Nahrungstiere von wichtigen Nutzfischen bilden sie ein wesentliches Glied in der Nahrungskette.

Der Sandspierling laicht gegen Mitte des Winters. Er legt kleine, birnenförmige Eier ab, die sich jedes an ein Sandkorn heften. Die Laichzeit dauert nur wenige Wochen, die Larven schlüpfen jedoch nicht alle gemeinsam, sondern man kann in einem Zeitraum von vielen Monaten ständig neue Larven beobachten. Dies liegt daran, daß einige der Eier von Sand bedeckt und so in ihrer Entwicklung aufgehalten werden. Sie liegen in einer Art „Dämmerzustand" im Sand, bis sie durch die Wasserbewegung hinauf an den Meeresboden gelangen, um dann hier ihre Entwicklung fortzusetzen.

Man kann Sandspierlinge mit kleinen Eisenmarken versehen, die durch einen feinen Schnitt in der Seite in die Bauchhöhle des Fisches eingeführt werden (s. Abbildung S. 52). In den

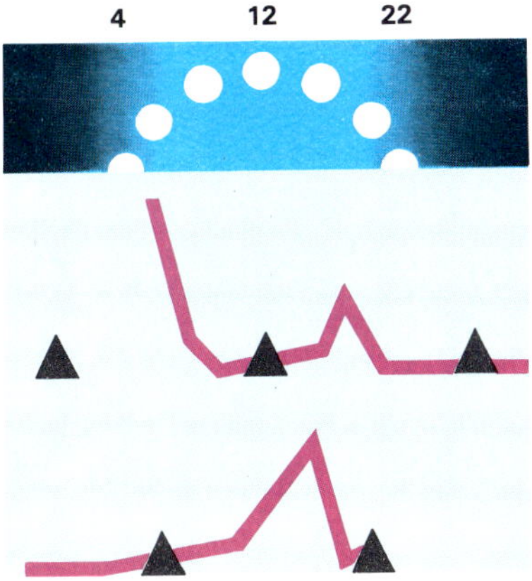

Sandspierling mit vorgeschobenem Maul

Fang von Sandspierlingen an der südwestlichen Seite der Doggerbank.
Sie werden nur bei Tageslicht und nur bei Gezeitenwechsel gefangen. Die Pfeile markieren den Eintritt des Hochwassers bei Dover. Die Zahlen geben die Zeit an (GMT).

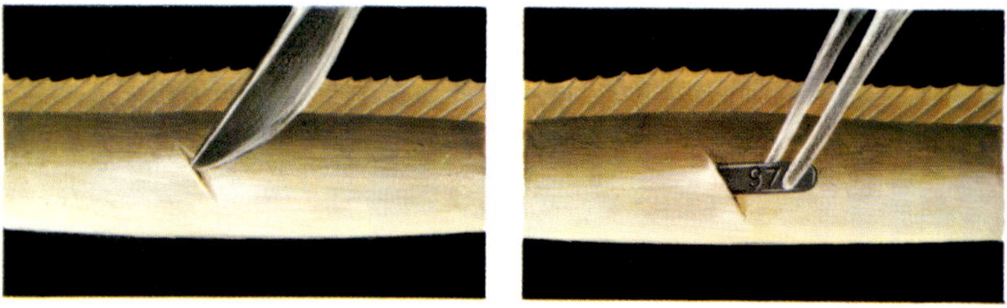

Markierung von Sandspierlingen

Markierungsmarke

Fischmehlfabriken kommt die Marke wieder zum Vorschein, und in der Regel kann man mit ihrer Hilfe die Fährte bis zu dem Fischkutter verfolgen, der den entsprechenden Fang geliefert hat und so Angaben über die Fangposition erhalten. Man hat auf diese Weise festgestellt, daß der Sandspierling sehr standortstreu ist und im wesentlichen nur über dem Boden, auf dem er lebt, auf und ab schwimmt. Einzelne der markierten Sandspierlinge haben nicht weniger als acht Jahre am selben Ort gelebt.

Knurrhähne *Triglidae*

Die Knurrhähne gehören ebenfalls zu den Barschfischen, und zwar in die Gruppe der Panzerwangen. Diesen Namen verdanken sie ihrem mit großen Knochenplatten gepanzerten Kopf. Sie besitzen außerdem noch ein sehr großes Maul und haben freie Brustflossenstrahlen, die fingerähnlich getrennt sind und einzeln bewegt werden können; sie dienen als Tast- und Schreitorgane. Die Flossenstrahlen sind sowohl mit Tast- als auch mit Geschmackszellen versehen. Den Namen Knurrhähne haben diese Fische wegen der dumpfen, knurrenden Geräusche bekommen, die sie mittels ihrer Schwimmblase hervorbringen können. Die Schwimmblase hat auf jeder Seite eine dicke Muskelschicht, die der Fisch in rhythmische Schwingungen versetzen kann, wobei dann die Schwimmblase diese knurrenden Ge-

Grauer Knurrhahn

Roter Knurrhahn

räusche erzeugt. In der Nordsee leben beinahe überall in Tiefen zwischen 10 und 60 m Knurrhähne. Der Graue Knurrhahn (*Trigla gurnardus*) ist der am häufigsten vorkommende, vor allem im Gebiet um die Doggerbank. Er erreicht eine Länge von 30 – 45 cm. Der Rote Knurrhahn (*Trigla hirundo*), der ebenfalls bis zu einem halben Meter lang werden kann, findet sich vor allem in der südlichen Nordsee. Er erscheint weniger zahlreich als der Graue Knurrhahn, ist jedoch in Großbritannien und Südeuropa ein begehrter Speisefisch.

Obwohl der Knurrhahn ein ausgeprägter Bodenfisch ist, der hauptsächlich von kleineren Krebstieren und anderen Bodenfischen lebt, springt er bisweilen auch über die Wasseroberfläche hinaus und kann z. B. während der Makrelenfischerei auch mit dem Angelhaken in den obersten Wasserschichten gefangen werden.

Seehase, Weibchen

Seehase *Cyclopterus lumpus*
Man kennt noch andere Beispiele, daß offensichtlich typische Bodenfische in oberen Wasserschichten schwimmen; dies trifft auch für den Seehasen zu, der in die Küstengewässer wandert, um dort in den Monaten Februar, März und April zu laichen. Der Laichplatz befindet sich auf steinigem Boden, oft mit Vegetation. Auch der Seehase gehört zu den Panzerwangen. Die Seehasen besitzen einen unbeschuppten mehr oder weniger gedrungenen Körper, mit zu einer Saugscheibe umgebildeten Bauchflossen. Seehasen kommen paarweise zum Laichen. Das Weibchen ist in der Regel größer (max. 50 cm) als das Männchen (30 cm). Es unterscheidet sich von ihm auch durch seinen graugrünen Rükken und den weißen Bauch, während das Männchen in der Laichzeit kräftige rote und rotgoldene Farben trägt. Das Weibchen legt seine Eier in einem Klumpen ab, der bis zu 3 Liter und zwischen 1000 und 2000 Eier fassen kann. Wenn die Eier abgelegt sind, verschwindet das Weibchen, während das Männchen zurückbleibt, um die Eier zu bewachen. Es steht in der Regel aufrecht, mit der Nase im Eierklumpen. Kommt ein anderer Fisch in die Nähe, so geht das Männchen zum Angriff über. 5 – 6 Wochen werden die Eier auf diese Weise bewacht. Wenn die Larven schlüpfen, verläßt das Männchen die Brut. Die kleinen, völlig grünen Jungfische kann man im Sommer in sehr flachem Wasser im Tanggürtel finden. Mit der Saugscheibe heften sie sich an die Tangblätter an, der Schwanz ist auf charakteristische Weise zur Seite geschlagen. Wenn sie 5 cm lang sind,

Jungfische des Seehasen

Seehase, Männchen

nehmen sie bereits die Form der erwachsenen Seehasen an und schwimmen hinaus ins tiefere Wasser. Auch die erwachsenen Seehasen entfernen sich im Sommer von der Küste, im Spätherbst verschwinden sie ganz und gar, um erst im folgenden Frühjahr wieder aufzutauchen.

Als Speisefisch ist der Seehase wenig begehrt, der Rogen wird aber geräuchert als Kaviar-Ersatz auf den Markt gebracht.

Vor einigen Jahren führte „Danmarks Fiskeri – og Havundersøgelser" (Dänemarks Fischerei- und Meeresuntersuchungen) eine Untersuchung der Seehasen-Biologie durch. U. a. wurden Tausende von Seehasen im südlichen Kattegat markiert, um die Wanderungen dieser Fische zu erforschen. Es zeigte sich, daß die markierten Fische in den ersten Sommermonaten offenbar planlos auf Jagd umherstreifen. Ihre Nahrung scheint nach Untersuchungen des Mageninhalts vornehmlich aus kleinen kugelrunden Quallen zu bestehen. Einige der markierten Fische schwammen in die Ostsee, andere nordwärts ins Kattegat. Es stellte sich heraus, daß Seehasen in der Lage sind, sich über relativ große Entfernungen mit einer Geschwindigkeit zu bewegen, die man einem derart plumpen Fisch nicht zutrauen würde.

Ein deutscher Heringskutter fing im September einen markierten Seehasen im tiefen Teil des Skagerraks südlich von Kristiansand. Vermutlich einer der Seehasen, die aus den inneren dänischen Gewässern zu ihrem Überwinterungsgebiet im Skagerrak, in der nördlichen Nordsee oder weit draußen im Atlantik wandern.

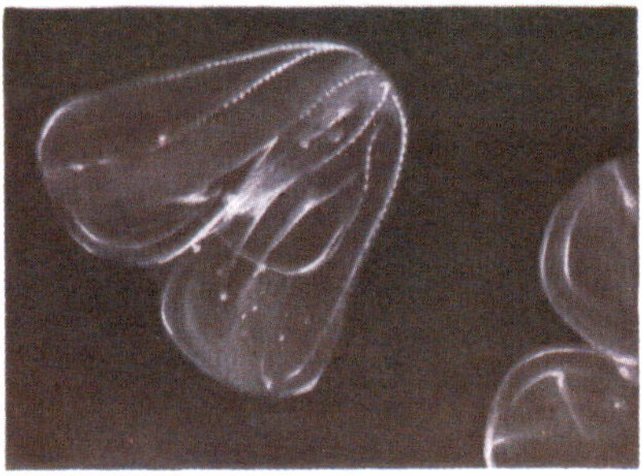

Die Nahrung der Seehasen, kleine Quallen

Leierfische *Callionymidae*

Die meisten Nordseefische besitzen gedämpfte Farben. Nur wenige Fische sind wirklich bunt; einige davon sind die Leierfische. Es sind kleine Grundfische von 20 – 30 cm, die eine schleimige, schuppenlose Haut besitzen. Der Rücken, die Seiten und die Haut zwischen den stark verlängerten Flossenstrahlen haben ein Muster von kräftigen gelben und blauen Farben. Zwischen den Geschlechtern besteht ein starker Unterschied. Das Männchen hat die kräftigeren Farben und die längeren Flossen.

Der Leierfisch ist in der gesamten Nordsee zu finden. Er lebt dicht am Boden und liegt oft im Schlamm eingegraben, so daß nur die Augen frei liegen. Diese sitzen sehr weit oben am Kopf, so daß er sich umsehen kann, obwohl der Körper bedeckt ist. In seiner ganzen Körperform ist er der Lebensweise am Boden angepaßt: Er ist auf der Unterseite flachgedrückt, die Kiemenspalte ist zu einem Loch reduziert, und er kann sein Maul vorstülpen, um die kleinen Tiere des Bodens einzuschlürfen. Man unterscheidet den Gestreiften Leierfisch (*Callionymus lyra*) und den Gefleckten Leierfisch (*Callionymus maculatus*).

Petermännchen *Trachinidae*

Ein zweiter bunter Fisch, der ebenfalls hochsitzende Augen hat und der sich

Gestreifter Leierfisch

Gefleckter Leierfisch

Der Leierfisch ist ein ausgeprägter Bodenfisch

in den Grund eingräbt, ist das Petermännchen. Es hat ungefähr dieselben Farben wie der Leierfisch, jedoch nicht so kräftig. Das Petermännchen ist ca. 10 – 30 cm groß. Die Hartstrahlen der ersten Rückenflosse und ein langer Stachel in jedem Kiemendeckel stehen mit einer Giftdrüse in Verbindung. Wird der Fisch bedroht, so erhebt er die Rückenflosse und sperrt die Kiemendeckel auf. Gleichzeitig platzen einige der giftproduzierenden Zellen in der Giftdrüse, und das Gift strömt in die Furchen der Hartstrahlen. Der Stich eines Petermännchens ist nicht lebensgefährlich, er ist jedoch äußerst schmerzhaft und verursacht Krämpfe und Lähmungen.

Es gibt zwei Arten von Petermännchen: das Große Petermännchen (*Trachinus draco*), 20 – 30 cm und das Kleine Petermännchen (*Trachinus vipera*), 10 – 15 cm. Das große und giftigere Petermännchen kommt nur vereinzelt in der Nordsee vor, vor allem im westlichen und südlichen Teil längs der Küste, sowie im Kattegat. Das Kleine Petermännchen kommt nur im südlichsten Teil der Nordsee vor. Ansonsten sind beide Petermännchen an der südeuropäischen Atlantikküste und überall an den Küsten des Mittelmeers zu finden. Obwohl es ein sehr wohlschmeckender Fisch ist, wird das Petermännchen nur in südeuropäischen Ländern gegessen.

Großes Petermännchen

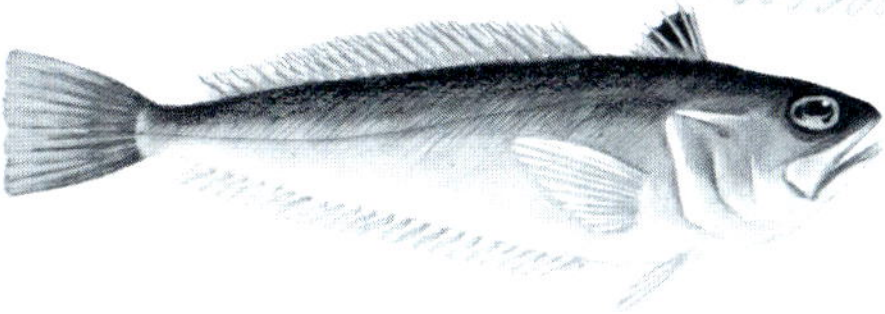

Kleines Petermännchen

Eingegrabenes Petermännchen

a

Streifenbarbe *Mullus surmuletus*

Es dringen auch noch andere Mittelmeerfische in die Nordsee ein. Einige kommen gelegentlich, wenn die Temperatur günstig ist, andere halten sich ständig im südlichsten Teil der Nordsee auf, und wieder andere treiben als Eier und Larven herein, so z. B. die Streifenbarben. Hier handelt es sich um am Boden lebende Barschfische, die mit Hilfe zweier Bartfäden am Kinn ihre Nahrung (kleine Bodentiere) aufspüren.

Vereinzelt kommen in der Nordsee noch vor: Petersfisch (*Zeus faber*), Seebarsch (*Roccus labrax*), Graubarsch (*Pagellus centrodontus*), Streifenbrassen (*Spondyliosoma cantharus*) und Dicklippige Meeräsche (*Mugil chelo*). Der Peterfisch mit einer Länge von 30 – 50 cm ist kenntlich an einem schwarzen, gelbumrandeten Fleck hinter den Brustflossen. Der See- oder Wolfsbarsch wird 40 – 80 cm groß und hält sich vorwiegend über algenbewachsenem Sandgrund auf. Er besitzt einen schwarzen Fleck auf dem Kiemendeckel und ist ein gefräßiger Raubfisch. Der Graubarsch oder Seekarpfen erreicht eine maximale Länge

a. Meerbarbe b. Petersfisch c. Seebarsch d. Graubarsch e. Streifenbrasse f. Dicklippige Meeräsche

b

e

c

f

d

Gelbaal

Blankaal

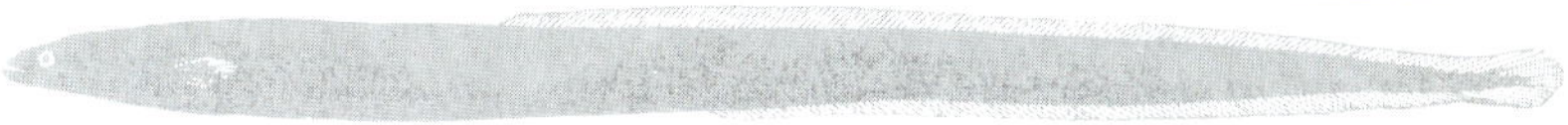

von 50 cm. Er findet sich vor allem in größeren Tiefen über Fels- und Sandgrund. Die Streifenbrassen werden bis zu 40 cm lang und bevorzugen algenbewachsenen Sand- und Felsgrund. Dicklippige Meeräschen (30 – 45 cm) kommen in kleinen oder größeren Schwärmen vorzugsweise ufernah im Flachwasser über algenbewachsenem Grund vor.

Flußaal *Anguilla anguilla*
Nachdem die Aallarven den Atlantik durchquert haben, kommen sie auf ihrer Wanderung zum Heimatgewässer mit dem Gezeitenstrom in die Nordsee, werden Glasaale und wandern Ströme, Flüsse und Bäche hinauf, um dort als Gelbaale zu leben. Im Alter von 6 – 7 Jahren wandeln sie sich um in die Blankaale, die nun kurz vor der Laichreife wieder die Nordsee durchqueren, um ihren Laichplatz im Sargassomeer zu erreichen. Wie die Aale wieder ihren Laichplatz erreichen, ist noch nicht geklärt. Nach Untersuchungen zweier Amerikaner können die Aale möglicherweise auf der Grundlage von elektrischen Feldern im Meer navigieren. Die magneti-

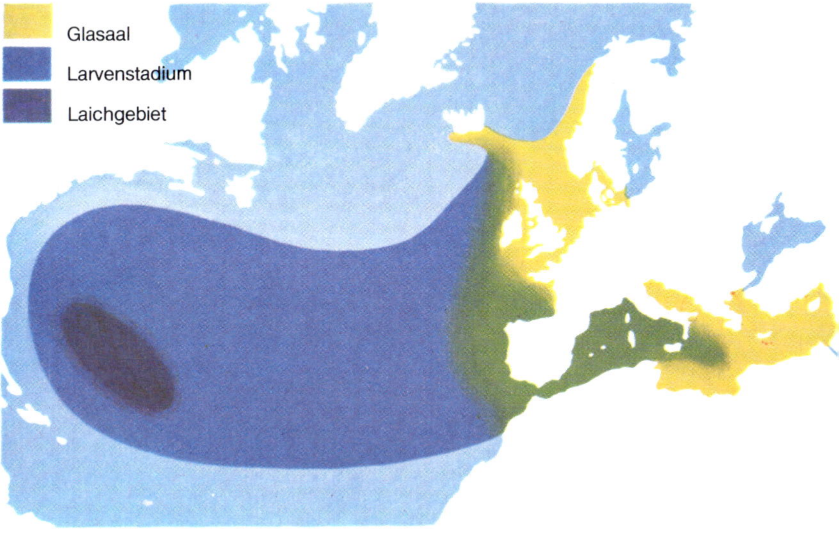

schen Kraftlinien, die vom magnetischen Feld um die Erde herum ausgehen, kreuzen die Meeresströmungen im Ozean. Durch die Kombination von magnetischen Kraftlinien und bewegtem Salzwasser entstehen ganz schwache elektrische Ströme, die eine bestimmte Richtung haben. Nach Ansicht der beiden Forscher können die Aale nun derartige elektrische Ströme aufnehmen und ihren Kurs danach richten. Es ist ein wohlbekanntes Phänomen, daß Fische auf elektrischen Strom reagieren. Es handelt sich hierbei aber um elektrische Ströme von ganz anderen Dimensionen, als sie in den Meeresströmungen der Ozeane entstehen. Die beiden Forscher wiesen jedoch nach, daß Aale selbst auf äußerst schwache Spannungen reagieren können. Sie führten operativ Meßinstrumente in betäubte Aale ein, um die Herzschlagfrequenz zu messen. Danach setzen sie die Aale in ein Aquarium, in dem man elektrische Felder mit verschiedenen Richtungen herstellen konnte, etwa in der Stärke wie sie in den Meeresströmungen auftreten. Sie beobachteten nun, daß jedesmal, wenn sich ein Aal quer zu einem solchen elektrischen Feld bewegte, eine Veränderung seiner Herzfrequenz erfolgte. Mit anderen Worten: Der Aal schien in der Lage zu sein, den elektrischen Strom und seine Richtung wahrzunehmen.
Vielleicht spielt aber auch das außerordentlich gute Riechorgan der Aale eine Rolle bei der Wiederauffindung des Laichplatzes.

Gemeiner Meeraal *Conger conger*
Während der Flußaal den größten Teil seines Lebens im Süßwasser verbringt, lebt der Meeraal sein ganzes Leben im Meer. Dieser Fisch kann über 2 m lang werden. Er ist ein gefräßiger Raubfisch, der hauptsächlich von Tintenfischen und anderen Fischen lebt. Er ist nicht sehr verbreitet in der Nordsee und zieht felsigen Boden vor, wie er weiter südlich an den Küsten Portugals, Spaniens und Nordafrikas reichlich vorhanden ist. Im Sommer findet man ihn über Tiefen von 2 – 300 m. Die großen Weibchen sind dann buchstäblich mit Eiern gefüllt und enthalten sozusagen nichts anderes. Der Darmkanal und die anderen Organe sind eingeschrumpft und zerstört, das Skelett ist mürbe, die Zähne lose, und die gesamte Körperhöhle ist mit 6 – 7 Millionen Eiern vollgestopft. Sobald diese Eier abgelegt sind, sterben die Elterntiere.

Lachs *Salmo salar*
Auch Lachse und Meerforellen – beide sind sehr schwer voneinander zu unterscheiden – kreuzen auf ihrem Weg von und zu den Laichplätzen in den nordeuropäischen Flüssen die Nordsee. Sie verbringen die ersten Lebensjahre im Süßwasser und schwimmen dann hinaus aufs Meer. Hier streifen sie 2 oder 3 Jahre umher und jagen Nahrung. In dieser Zeit nehmen die Lachse sehr an Größe zu und erreichen eine maximale Länge von 1,5 m. Dann treibt sie ein außergewöhnlicher Instinkt zum Laichen in

Meeraal

Zweijähriger Lachs

Vierjähriger Lachs

ihre Heimatgewässer. Man nimmt an, daß für das Auffinden der heimatlichen Gewässer der Geruchssinn dieser Fische eine nicht unbedeutende Rolle spielt.

Markierungsexperimente haben gezeigt, daß eine große Zahl nordeuropäischer Lachse in grönländische Gewässer zieht und dabei Entfernungen bis zu mehreren tausend Kilometern zurücklegt. Vielleicht handelt es sich hier um einen ererbten Wanderweg, der bis in jene Zeit zurückführt, als die Verteilung von Land und Meer noch anders war. In der Festlandzeit vor 15 – 20 000 Jahren, als der größte Teil der Nordsee trockenes Land war, mündeten die großen westeuropäischen Flüsse fast direkt in den Atlantik, so daß der Lachs ursprünglich gar keinen so weiten Weg zurückzulegen brauchte.

Stör, Finte, Alse *Acipenser sturio, Alosa fallax, Alosa alosa*

Die Anzahl der Fische, die vom Meer flußaufwärts schwimmen, um zu laichen, ist in den letzten Jahren zurückgegangen, weil sich die Lebensbedingungen an ihren Laichplätzen durch die Verschmutzung der Flüsse wesentlich verschlechtert haben. Das gilt auch für den Stör, einem 50 cm – 3 m langen Fisch, der u. a. im Rhein laicht und die beiden großen Heringsfische Alse und Finte, die im Sommer in Flüssen laichen und im Herbst hinaus ins Meer wandern. Die Alse, auch Maifisch genannt, erreicht eine Länge von 75 cm, die Finte wird nur etwa 50 cm lang.

Es gibt in der Nordsee noch drei weitere lachsartige Heringsfische: den Seestint, den Goldlachs und das Glasauge. Sie unterscheiden sich ebenso wie der Lachs von allen anderen Fischen durch eine kleine sogenannte „Fettflosse“, die sie zwischen Rückenflosse und Schwanzflosse haben.

Wanderwege der Lachse

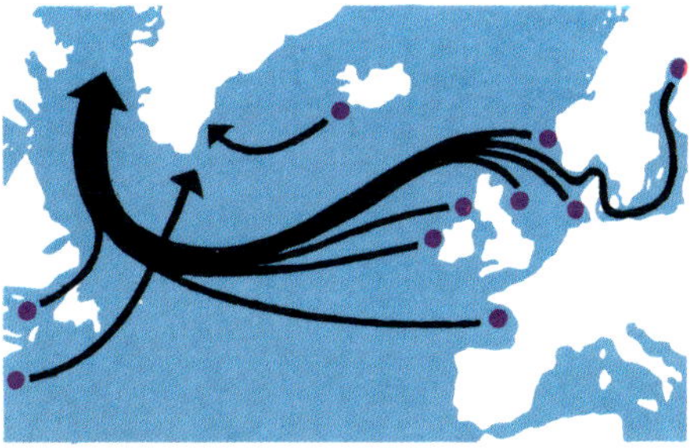

Seestint *Osmerus eperlanus*

Der Seestint ist cin kleiner, silbrig schimmernder lachsartiger Schwarmfisch von ca. 20 cm Länge. Er lebt im Küstengewässer und begibt sich im Frühjahr in die Unterläufe der Flüsse, um dort zu laichen. Erkenntlich ist der Stint an seinem eigenartigen gurkenartigen Geruch.

Denselben Geruch besitzt sein Verwandter, der Goldlachs.

Goldlachs *Argentina silus*

Dieser Lachsfisch lebt ausschließlich als pelagischer Schwarmfisch im tiefen Wasser (150 – 1000 m) des Meeres. Er erreicht eine maximale Länge von ca. 50 cm, besitzt golden schimmernde Schuppen und die typischen großen Augen der Tiefwasserfische. Man findet den Goldlachs sehr häufig in den tiefsten Teilen der nördlichen Nordsee und des Skagerraks.

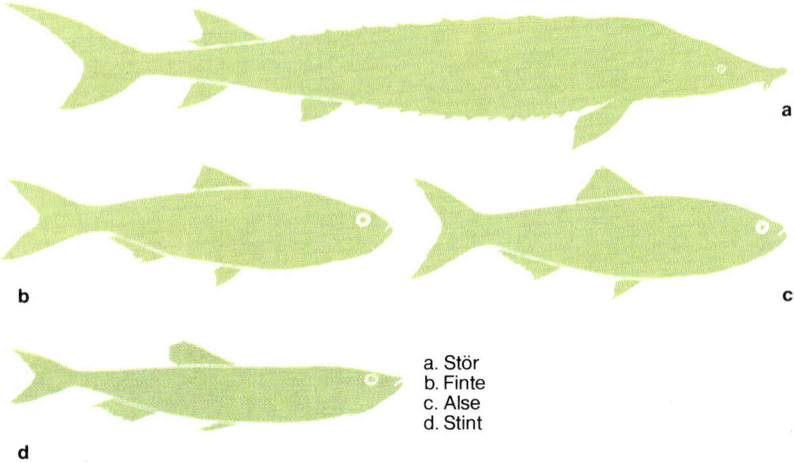

a. Stör
b. Finte
c. Alse
d. Stint

Gegenüber: Verteilung der Fischarten auf die verschiedenen Wassertiefen. Die Fische werden in jenen Tiefen gezeigt, in denen sie sich am meisten aufhalten. Die Arten sind jedoch nicht an eine bestimmte Tiefe gebunden, sondern bewegen sich im Wasser auf und ab.

Goldlachs

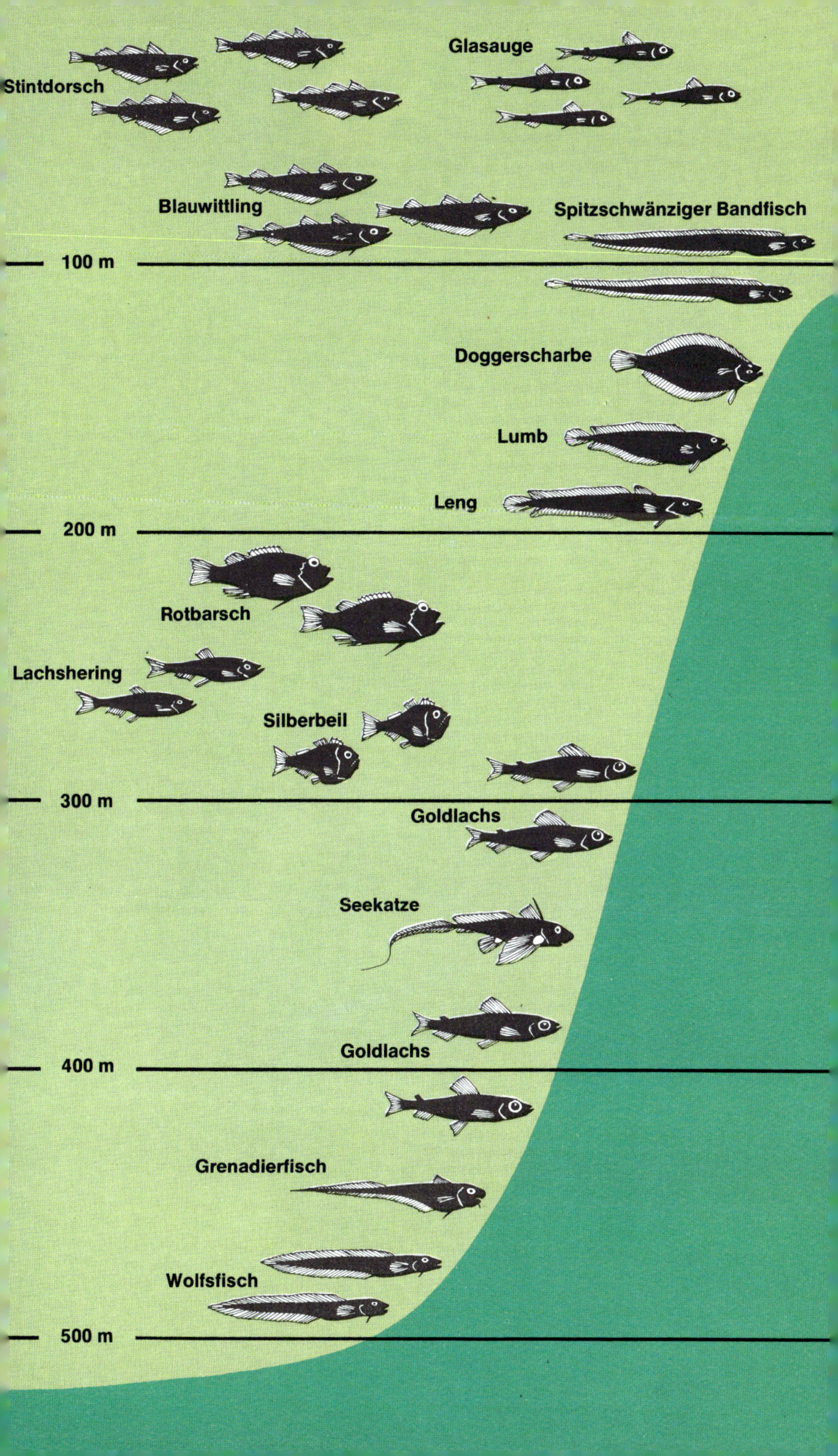
Stintdorsch
Glasauge
Blauwittling
Spitzschwänziger Bandfisch
100 m
Doggerscharbe
Lumb
Leng
200 m
Rotbarsch
Lachshering
Silberbeil
300 m
Goldlachs
Seekatze
Goldlachs
400 m
Grenadierfisch
Wolfsfisch
500 m

Glasauge *Argentina sphyraena*
Das Glasauge wird ca. 26 cm lang und besitzt einen ebenso gurkenartigen Geruch wie Seestint und Goldlachs. Dieser Fisch lebt entweder in Bodennähe oder pelagisch in kleinen Schwärmen; er kommt in der gesamten Nordsee vor. Seine Schuppen glänzen stark silbrig und werden u. a. zur Herstellung von Nagellack und künstlichem Perlmutt verwendet.
Für diese Fische, sowie den größten Teil der Fische, die im tieferen Teil des Skagerraks gefangen werden, gilt, daß sie nicht als Speisefische verwendet, sondern statt dessen als Industriefische verkauft werden, z. B. als Futter für Forellen und Nerze, zur Herstellung von Fischmehl und bei der Trangewinnung.

Seekatze und Grenadierfisch *Chimaera monstrosa, Coryphaenoides rupestris*
Wenn wir hinaus in die größeren Tiefen von mehr als 300 m gelangen, so begegnen wir einigen der apartesten Vertreter der Fischgesellschaft der Tiefe. Hier lebt die Seekatze, ein Fisch mit merkwürdigem Aussehen, der mit Haien und Rochen nah verwandt ist. Die Seekatze hat einen spitzen Kopf und eine glatte, schuppenlose Haut. Der Schwanz besitzt eine peitschenförmige Verlängerung. Die Seekatze kann bis zu 1,2 m lang werden, wobei in der Regel die Weibchen größer als die Männchen sind. Die Fische leben in Bodennähe und ernähren sich von Krebstieren, Würmern und anderen Bodentieren.
In diesen Tiefen lebt auch der Grenadierfisch, der in seiner Körperform den Seekatzen ähnelt. Er erreicht eine Länge von fast einem Meter. Der Grenadierfisch besitzt einen großen Kopf, der vorn wie abgeschnitten wirkt. Der Körper ist sehr kurz und hat einen sehr langen und gleichmäßig zugespitzten Schwanz, der wegen seiner Zerbrechlichkeit beim Fang in der Regel abgebrochen wird. Der Grenadierfisch ist in der Nordsee der einzige Vertreter einer sehr großen Fischfamilie, der Rattenschwänze, die über 100 verschiedene Arten zählt und die in allen Ozeanen bis zu 5 km Tiefe vorkommt. Der Grenadierfisch sucht sich seine Nahrung, die in der Hauptsache aus Tiefseekrabben besteht, direkt über dem Boden.

Wolfsfisch *Lycodes vahli*
Im tieferen Teil der Nordsee begegnen wir einem ausgeprägten arktischen Fisch, der bei Grönland, Island und Nordnorwegen zu finden ist, dem Wolfsfisch. Dieser Fisch erreicht je nach Lebensraum eine Länge von 40 cm (bei Grönland) oder ca. 20 cm (bei Skandinavien). Man kann mehrere Arten feststellen, von denen einige in Gewässern leben, die kälter als 0 ° sind. In der Nordsee lebt der Wolfsfisch in einer Tiefe von 100 – 500 m und hält sich dicht am Boden bei Temperaturen zwischen 0 ° und 3 ° auf. Seine Nahrung besteht aus Krebstieren, Würmern und anderen Bodentieren.
Der tiefe Teil der Nordsee stellt in mehrfacher Hinsicht gleichsam eine Verlängerung des Nordatlantiks und der Norwegischen See dar. So kann man hier viele Fische finden, die aus den tieferen Meeren eingedrungen sind: außer dem Goldlachs, dem Grenadierfisch und dem Wolfsfisch findet man auch kleine Tiefseefische, wie Silberbeil (*Argyropelus olfersi*) und Lachshering (*Maurolieus mülleri*). Diese beiden Tiefseefische sind sehr klein (max. 10 cm) und besitzen die typischen Leuchtorgane auf dem Körper. Ferner finden wir auch noch große und kleine Rotbarsche, die in

a. Seekatze
b. Grenadierfisch
c. Silberdorsch
d. Glasauge
e. Wolfsfisch
f. Rotbarsch
g. Silberbeil
h. Lachshering

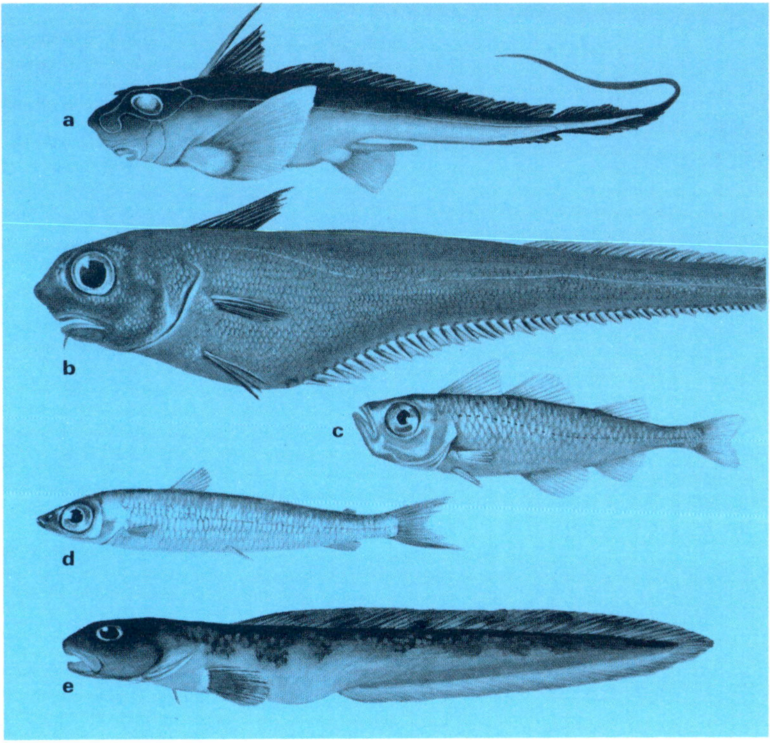

f

g h

der Norwegischen See und bei Island vorkommen. Der Kleine Rotbarsch (*Sebastes viviparus*) erreicht eine Länge von 30 – 35 cm. Der Große Rotbarsch (*Sebastes marinus*) erreicht eine maximale Länge von 1 m. Die Rotbarsche gehören zu den lebendgebärenden Fischen, d. h. sie legen keine Eier sondern Jungfische ab.

Spitzschwänziger Bandfisch *Lumpenus lampretaeformis*
Im Schlammboden der nördlichen Nordsee lebt in einem Gebiet von der norwegischen Küste bis Schottland ein weiterer arktischer Fisch, der Spitzschwänzige Bandfisch. Er ist ein aalartiger Fisch von 10 – 30 cm Länge, der längs der Küste im nördlichen Teil des Atlantiks, in der Norwegischen See und in der Barentsee sehr verbreitet ist. Darüber hinaus kommt er in der Ostsee vor. Man nimmt an, daß dieser Ostseebestand ein Relikt der Eiszeit ist. Nachdem sich das Eis zurückgezogen hatte, war die Ostsee eine Zeitlang ein arktisches Meer und mit der Barentsee verbunden. Später, als sich die Verteilung von Wasser und Land änderte, wurden diese Fische in der Ostsee „eingeschlossen" und haben hier als selbständiger Bestand überlebt. Der Spitzschwänzige Bandfisch und sein naher Verwandter, der Gefleckte Bandfisch (*Lumpenus maculatus*) gehören zur selben Gruppe wie die Seewölfe oder Kattfische.

Spitzschwänziger Bandfisch

Seewolf *Anarrhichas lupus*
Im Gegensatz zu den Bandfischen erreicht der Seewolf eine Länge von oft über einem Meter. Sein Kopf hat ein großes Maul mit kräftigen Kiefern und großen Zähnen, die sowohl im Kiefer als auch auf den Gaumenbeinen sitzen. Mit diesem Gebiß kann er selbst die dickschaligsten Muscheln und Krabben und die den Einsiedlerkrebs beherbergenden Schneckenhäuser knacken. Wegen seines abschrekkenden Aussehens wird dem Fisch vor dem Verkauf im Fischhandel der Kopf abgeschnitten, und er gelangt als „Kotelettfisch" auf den Markt.

Verbreitung des Spitzschwänzigen Bandfisches

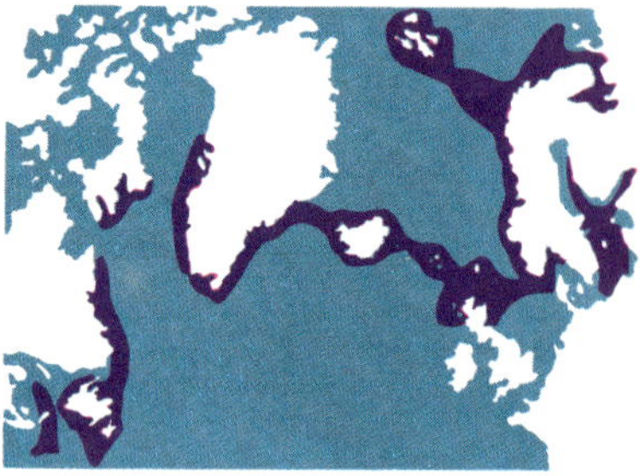

In arktischen Gewässern gibt es noch zwei weitere Kattfischarten, die Wasserkatze (*Lychichthys denticulatus*) und den Gefleckten Seewolf (*Anarrhichas minor*).

Seeteufel *Lophius piscatorius*
Ein noch furchteinflößenderes und eigentümlicheres Aussehen hat der Seeteufel oder Froschfisch. Er besitzt eine durchschnittliche Länge von 50 cm und hat ein riesiges Maul, das auf der Oberseite seines Kopfes sitzt. Der Kopf macht bei diesem Fisch fast die Hälfte des Körpers aus. Der Seeteufel ist ein Bodenfisch, lebt jedoch nicht von Bodentieren, sondern von Fischen, die er am Boden liegend „angelt". Durch seine Farbzeichnung und seine rauhe Oberfläche unterscheidet er sich kaum vom Boden. Gleich über dem nach oben gerichteten Maul hat er einen freien Rückenflossenstrahl

Seewolf

Seeteufel

Klippenbarsch

Kuckuckslippfisch, Männchen

Kuckuckslippfisch, Weibchen

mit einer kleinen Hautfahne an der Spitze. Diese bewegt er hin und her und lockt damit neugierige Fische an, die er dann rasch mit seinen nadelspitzen Zähnen packt.
Der Seeteufel ist vereinzelt in der gesamten Nordsee zu finden, aber auch bei Nordnorwegen und Island, im Gewässer westlich der britischen Inseln und im Mittelmeer.
Nördlich der Norwegischen Rinne geht der Meeresboden in eine Felsenküste über. Hier leben die Lippfische (*Labridae*), die ihren Namen den deutlich ausgeprägten Lippen um den Mund herum verdanken. Diese Gruppe von Fischen, die mehrere verschiedene Arten umfaßt, tritt im Küstengewässer mit Klippen, Steinen und Algen auf. Sie lebt von Tieren, die es hier gibt: Seepocken, Schaltiere, Krebsen und Würmern. Die Lippfische haben eine südliche Verbreitung, ihre nördliche Grenze liegt an der südnorwegischen Küste. Sie sind an den Küsten Großbritanniens sowohl auf der West- als auch auf der Ostseite und in Südeuropa an der Atlantik- und Mittelmeerküste zu finden.

Klippenbarsch *Ctenolabrus rupestris*
Dieser Angehörige der Lippfische wird bis zu 18 cm lang. Man sieht ihn

Gefleckter Lippfisch

Goldmaid

Kleinmäuliger Lippfisch

häufig zwischen den Steinen der Hafenbecken schwimmen.

Kuckuckslippfisch *Labrus ossifagus*
Bei diesem Lippfisch gibt es große Unterschiede der Geschlechter, sowohl größenmäßig (Männchen 35 cm, Weibchen 30 cm), als auch farblich.
Die drei anderen Lippfische der Nordsee sind: Gefleckter Lippfisch (*Labrus berggylta*) mit einer Länge von 30 cm, Goldmaid (*Crenilabrus melops*) mit ca. 25 cm und Kleinmäuliger Lippfisch (*Crenilabrus exoletus*) mit ca. 18 cm Länge. Sie alle besitzen eine Marmorierung von grünen, gelben, blauen und roten Farben.

So wie sich die Lippfische in ihrer Verbreitung auf die Klippengebiete der Küstengewässer beschränkt haben, gibt es auch Fische, die sich einerseits zwischen den Steinen oder im Grün- und Fadenalgengürtel aufhalten oder aber Sand- und Schlickflächen bevorzugen. Zu den Fischen, die ihr ganzes Leben im flachen Wasser verbringen, gehören:

Stichlinge, Seenadeln und Grundeln *Gasterosteidae, Syngnathidae, Gobiidae*
Zu den Stichlingen, die das küstennahe Meeresgebiet bewohnen, gehören der Seestichling (*Spinachia spinachia*)

und der Gemeine Stichling (*Gasterosteus aculeatus*). Beides sehr kleine Fische: Seestichling 18 cm, Gemeiner Stichling bis zu 11 cm.

Sie bauen ihre Nester für die Eier in der Vegetation, in der sich auch die verschiedenen Arten der Seenadeln aufhalten: Dies sind kleine aalförmige Fische in brauen und grünen Farben, die eine Länge zwischen 15 und 40 cm erreichen. Ihr Körper ist mit Plattenreihen bekleidet. Durch das rohrförmige Maul saugen sie ihre Nahrung, die aus Krebstieren und Fischbrut besteht, wie durch einen Strohhalm ein.

Fische im flachen Wasser
a. Seenadeln
b. Grundeln
c. Seeskorpion
d. Aalmutter
e. Stichlinge
f. Seestichlinge
g. Plattfischjunge
h. Seestichling

h

Große Schlangennadel zwischen Fadenalgen

Vielfach tragen die Männchen an ihrer Unterseite eine Bruttasche, in die die Weibchen ihre Eier ablegen.
Zu den Seenadeln gehören: die Große Seenadel (*Syngnathus acus*), die Kleine Seenadel (*Syngnathus rostellatus*), die Große Schlangennadel (*Entelurus aequoreus*) und die Kleine Schlangennadel (*Nerophis ophidion*).
Als küstennahe Grundfische leben auch die vielen verschiedenen Grundelarten. Es handelt sich hier um kleine, zwischen 5 und 15 cm lange Fische, deren Bauchflossen in der Regel so verwachsen sind, daß sie eine Haftscheibe bilden, so daß sich diese Fische am Grund festheften können. Die Schwarzgrundel (*Gobius niger*) ist die größte Grundelart (10 – 15 cm lang). Am häufigsten sind im Sommer die Sandkülinge (*Gobius minutus*) im flachen Wasser zu finden. Grundeln stellen eine wichtige Nahrung für Kabeljau und andere größere Fische dar.

Gemeiner Stichling

Zwergstichling

Seestichling

Seenadel

Große Schlangennadel

Kleine Schlangennadel

Schwarzgrundel

Sandküling

Aalmutter

Seeskorpion

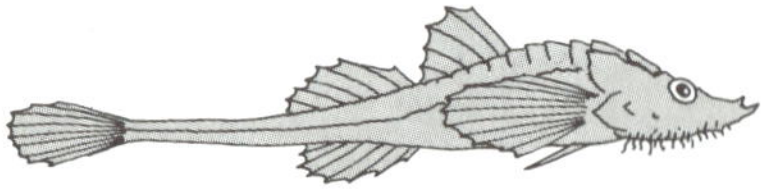

Steinpicker

Butterfisch

Butterfisch mit Eiern

Aalmutter und Seeskorpion *Zoarces viviparus, Acanthocotthus scorpius*

Ebenfalls im Sommer in den flachen Wassergebieten zu finden, sind die Aalmutter und der Seeskorpion. Man kann diese beiden Fischarten selten zu Gesicht bekommen, da sie sich zwischen den Steinen oder in der Algenvegetation verbergen.

Die Aalmutter ist einer der standorttreuesten Fische, die wir kennen, und es gibt eine große Anzahl lokaler Rassen von ihr. Sie gehört, ebenso wie die Rotbarsche zu den lebendgebärenden Fischen. Die Aalmuttern, die eine Länge von 30 – 40 cm erreichen, paaren sich gegen Ende des Sommers und bringen zu Beginn des Winters zwischen 100 und 300 Junge zur Welt, die zwischen 3 und 5 cm lang sind.

Der Seeskorpion ist aufgrund seiner bedornten Haut und seines bunten Aussehens in den Ruf gekommen, giftig zu sein. Das ist er nicht, jedoch kann ein Stich seines spitzen Kiemendeckelstachels oder Stachelflossenstrahls oft sehr tief sein und Entzündungen verursachen. Je nach Verbreitungsgebiet kann der Seeskorpion eine Länge von 60 cm erreichen. Nach der Befruchtung legen die Weibchen ihre Eier in Klumpen auf dem Boden ab, wo sie dann von den Männchen bewacht werden. Der Gemeine Seeskorpion ist an allen Küsten des gesamten nordatlantischen Bereiches verbreitet. Zwei Verwandte von ihm, der Zwergseeskorpion (*Acanthocottus lilljeborgi*) und der Langstachelige Seeskorpion (*Taurulus bubalis*) leben ebenfalls in der Nordsee.

In einer Tiefe bis zu 150 – 200 m lebt der Steinpicker (*Agonus cataphractus*), der wie die Seeskorpione und Knurrhähne in die Gruppe der Panzerwangen gehört. Der Steinpicker ist ein 10 – 15 cm langer Fisch mit dreieckig zugespitztem Kopf. Sein ganzer Körper ist mit gepanzerten Knochenplatten bedeckt.

Butterfisch *Pholis gunellus*

Die meisten Fische der Küstenzone ziehen im Winter in tieferes und wärmeres Wasser. Eine einzige Art jedoch, der Butterfisch, bleibt an der Küste, denn er verträgt die Kälte. Es handelt sich hier um einen etwa 20 cm langen Fisch, der im Aussehen der Aalmutter ähnelt. Der Butterfisch hat als ausgesprochen arktischer Fisch seine südlichste Verbreitung in der

Scheibenbauch

Nordsee. Er besitzt, wie alle Flachwasserfische, eine gutentwickelte Brutpflege, an der sich beide Elternteile beteiligen. Die Eier werden in großen Kugeln am Boden abgelegt und abwechselnd von Männchen und Weibchen bewacht.

Stachelrücken *Chirolophis ascanii*

Zu den Schleimfischartigen gehört neben dem Butterfisch, der Aalmutter, dem Seewolf und dem Bandfisch auch noch der Stachelrücken. Dieser Fisch wird selten größer als 15 cm und fällt besonders durch seine verzweigten, rotgelben Behänge über den Augen auf. Er lebt zwischen den Steinen der Algenzone an der britischen Nordseeküste.

Als letzte der in der Nordsee vorkommenden Küstenfische seien noch der Große Scheibenbauch (*Liparis liparis*) und der Kleine Scheibenbauch (*Liparis montagui*) genannt. Es sind kleine, ca. 10 – 14 cm lange, kaulquappenähnliche Fische, ohne Schuppen und mit einer Saugscheibe, die aus den Bauchflossen gebildet wird.

Haie *Selachoidei*

Die meisten großen Haie sind Kosmopoliten und haben eine weite Verbrei-

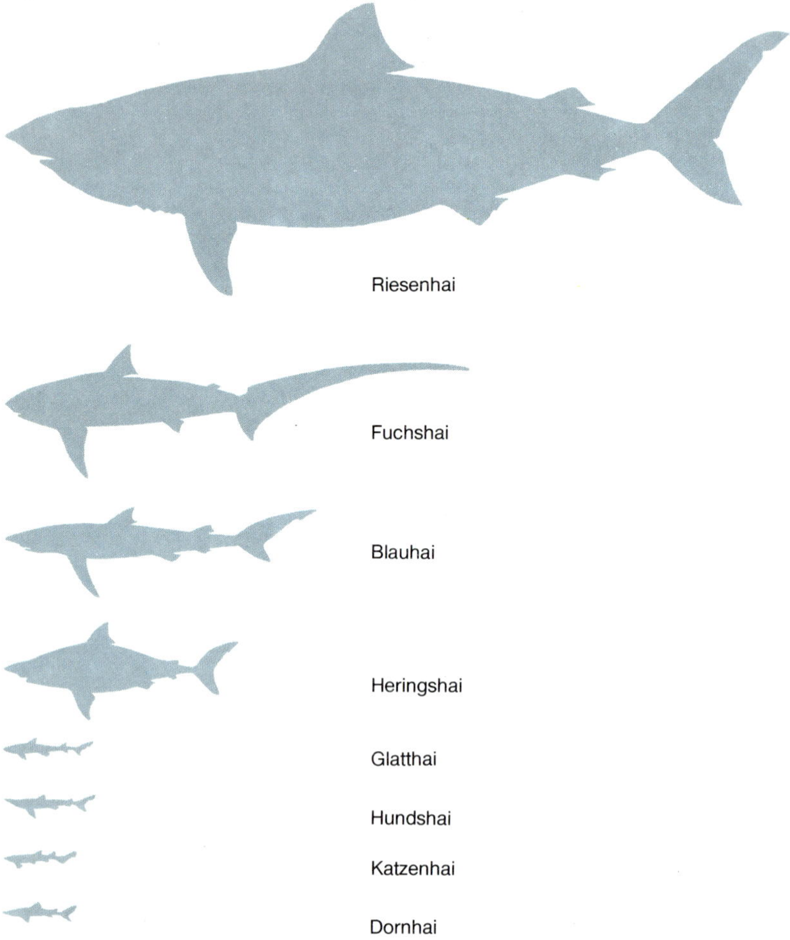

Dornhai

tung in allen Ozeanen, vor allem in den Tropen. Hin und wieder dringen in den nördlichen Teil der Nordsee der Fuchshai (*Alopias vulpinus*) und der Blauhai (*Prionace glauca*) ein. Hier kann man auch einen der allergrößten Haie, den planktonfressenden Riesenhai (*Cetorhinus maximus*) fangen. Der Dornhai (*Squalus acanthias*) dagegen kommt in großer Zahl in der nördlichen Nordsee vor, wo er sich in Bodennähe räuberisch von Heringen, Kabeljauen und anderen Fischen ernährt. Wie die meisten anderen Haie ist er ein sehr guter Schwimmer. Markierungsexperimente zeigten, daß der Dornhai am Tag bis zu 10 km zurücklegen kann. Man konnte einen Dornhai fangen, der an der Westküste der USA markiert worden war und 7 Jahre später in Japan auftauchte. Der Fisch war also gut 5000 km geschwommen. Ein anderer Dornhai, der bei Neufundland markiert wurde, wurde 10 Jahre später bei Island gefangen. Der Hai war in dieser Zeit nur 8 cm gewachsen. Ein Dornhai kann bis zu 25 Jahre alt werden und eine Größe bis zu 1,2 m erlangen. Das Alter ist bei diesen Fischen sehr schwer zu bestimmen, da sie weder Schuppen noch Ohrensteine wie die Knochenfische besitzen. Man hat versucht, das Alter nach dem Dorn, der vor der vordersten Rückenflosse sitzt, zu bestimmen. Kartographische Aufzeichnungen zeigen, daß Dornhaie zwischen der norwegischen Küste und den Shetlandinseln hin und her wandern. Im Winter findet man sie vor Norwegen und im Sommer bei den Shetlandinseln.

Den zweiten bei uns häufig anzutreffenden Hai, den Heringshai (*Lamna nasus*), fischt man im Spätsommer und im Herbst. Dieser Fisch kann über 2 m lang werden und gehört somit zu den großen Haien. Im Gegensatz zum Dornhai hält sich der Heringshai nicht am Boden auf, sondern in den oberflächennahen Wasserschichten, wo er Heringe und Makrelen jagt. Diese beiden Haiarten haben auch fischeiwirtschaftliche Bedeutung. Aus der Leber z. B. wird Tran gewonnen, das Fleisch des Dornhaies wird in Deutschland in Aspik eingelegt als „Seeaal“ verkauft und die Bauchlappen werden geräuchert als „Schillerlocken“ angeboten. Vereinzelt findet man in der Nordsee auch den Glatthai (*Mustellus vulgaris*), den Hundshai (*Eugaleus galeus*), den Katzenhai (*Catulus canicula*), den Schwarzen Dornhai (*Etmopterus spinax*) und den Fleckhai (*Galeus melastomus*). Die beiden letztgenannten Haie erreichen nur eine Länge von 50 cm und sind vor allem in der nördlichen Nordsee anzutreffen (ohne fischereiwirtschaftliche Bedeutung).

Heringshai

Sternrochen

Kiefer eines Rochens

Rochen *Batoidei*

Die Rochen sind ausgesprochene Bodentiere, die hauptsächlich auf schlammigem und steinigem Boden leben. Sie fressen Fische, Krebstiere und Muscheln, die sie mit ihren in mehreren Reihen hintereinandersitzenden Zähnen zerbrechen. Die Rochen gehören zusammen mit den Haien und den Seekatzen zu den Knorpelfischen (Vorläufer der Knochenfische). Haie und Rochen werden manchmal zusammenfassend auch Quermäuler genannt.

Die Eier der Rochen sind gewöhnlich von einer Hornkapsel umgeben und streichholzschachtelgroß. Meist besitzen diese Eier noch Fäden, so daß sich die Eier an Algen oder Gestein aufhängen können. Der größte unter den Rochen ist der Weißrochen (*Raja lintea*) mit einer Länge von 2 m.

In den tieferen Teilen der nördlichen Nordsee und des Skagerraks trifft man außer ihm auch noch auf den Fyllarrochen (*Raja fyllae*) und den Chagrinrochen (*Raja fullonica*). Nagelrochen (*Raja clavata*), Sternrochen (*Raja radiata*) und Glattrochen (*Raja batis*) sind in der gesamten Nordsee zu finden.

Im südlichsten Teil der Nordsee lebt der Stechrochen (*Dasyatis pastinaca*), der in der Mitte seines Schwanzes einen langen, nach hinten gerichteten Dorn trägt, der mit einer Giftdrüse verbunden ist und als Verteidigungswaffe benutzt wird. Der Stich eines Stechrochens ist sehr schmerzhaft, und das Gift kann Krämpfe und Lähmungen hervorrufen. Da der Stechrochen in der Regel im Sand eingegraben liegt, ist das Waten in flachem Wasser in seinem Verbreitungsgebiet nicht ungefährlich.

Nagelrochen

Glattrochen

Stechrochen

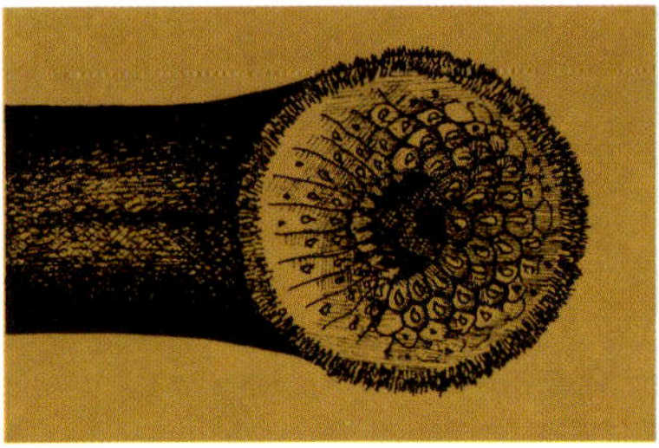

Maul einer Lamprete

Rundmäuler *Cyclostomata*
Die primitivste Wirbeltiergruppe, die wir kennen, sind die Rundmäuler. Diese Tiere haben nur eine entfernte Ähnlichkeit mit Fischen. Es sind aalförmige Wirbeltiere mit einem knorpeligen Skelett, unbeschuppter Haut und einem runden, kieferlosen Saugmaul, das mit Hornzähnen bewaffnet ist. Diese Tiere leben als Aasfresser und Blutsauger. Man kann diese Gruppe unterteilen in die rein parasitisch lebenden, marinen Inger (*Myxinoidea*) und die Neunaugen, die sich vorwiegend im Süßwasser aufhalten. Alle Neunaugen, auch die marinen Arten, laichen im Süßwasser. Nach dem Laichakt sterben die Elterntiere. Die Larve dieser Fische nennt man auch Kieferwurm oder Queder.
Zu dieser Tiergruppe gehören das Meerneunauge (*Petromyzon marinus*), das Flußneunauge (*Petromyzon fluviatilis*), der Atlantische Inger (*Myxine glutinosa*) und die Lamprete (*Petromyzon marinus*).

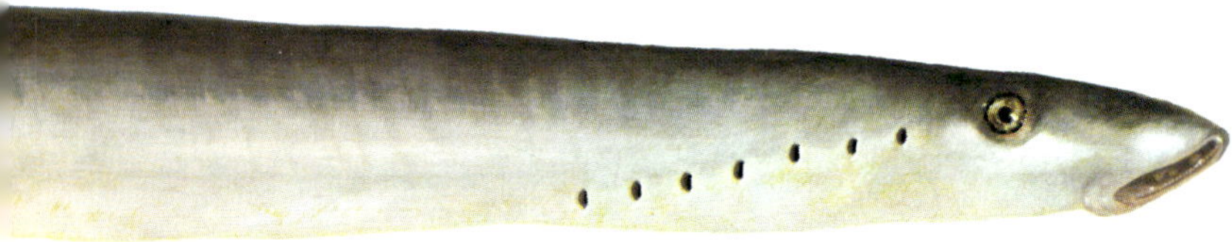

Meerneunauge

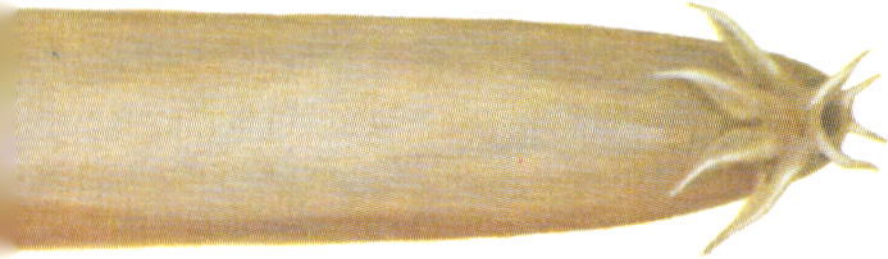

Atlantischer Inger

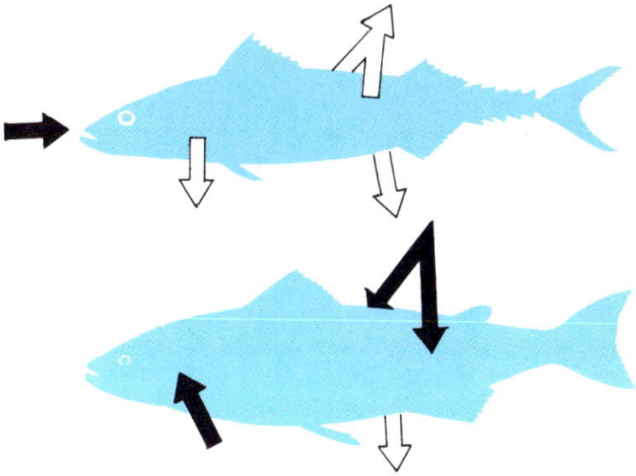

Leben im Wasser

Die Tiere, die heute auf der Erde leben, sind das Ergebnis einer jahrmillionenlangen Entwicklung, die vom Leben im Wasser ausging. Im Verlauf der Evolution eroberten Pflanzen und Tiere jedoch auch das Land. So findet man heute überall Leben: im Wasser, auf dem Land und in der Luft.
Die Fische sind in ihrem Körperbau und ihrer Lebensweise dem Wasser am besten angepaßt. Doch auch hier muß man schon zwei Gruppen unterscheiden: die Süßwasserfische und die Seewasserfische.

Das Gleichgewicht zwischen Wasser und Salz

Im Salzwasser findet man eine andere Fischpopulation als im Süßwasser, und es gibt nur wenige Fischarten, die sich in das Grenzgebiet, das Brackwasser, wagen, oder die in beiden Wasserarten leben können.
Seewasserfische haben in ihrer Körperflüssigkeit, vor allem im Blut, einen geringeren Salzgehalt als das umgebende Meerwasser. Die Folge: Das Meerwasser entzieht ihrem Körper

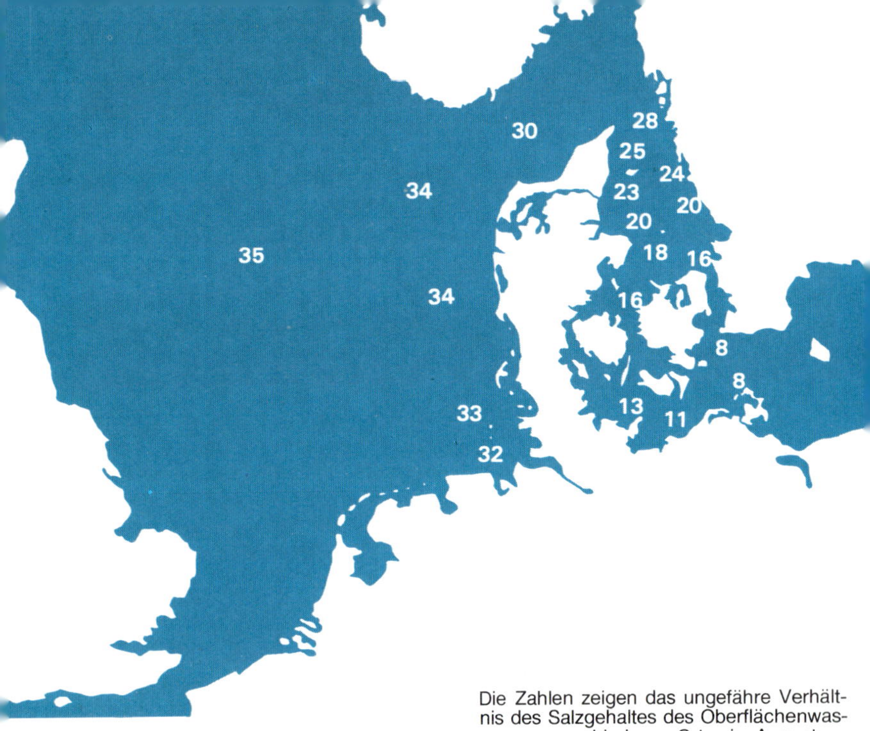

Die Zahlen zeigen das ungefähre Verhältnis des Salzgehaltes des Oberflächenwassers an verschiedenen Orten im August.

Wasser, das Blut droht einzudicken. Nun verfügen Seewasserfische über eine interessante Möglichkeit, dem entgegenzuwirken: Sie trinken Seewasser und scheiden über die Kiemen, teils auch über bestimmte Salzdrüsen, das überschüssige Salz wieder aus. Dies ist ein aktiver, unter Energieaufwand verlaufender Prozess; man könnte sagen, die Meerwasserfische „pressen" das überschüssige Salz wieder aus ihrem Körper heraus.
Genau umgekehrt verhält es sich bei den Süßwasserfischen: Hier hat das sie umgebende Medium, das Wasser, einen wesentlich geringeren Salzgehalt als die Körperflüssigkeit. Es dringt also Wasser in den Körper ein und verdünnt das Blut, was zum Platzen empfindlicher Zellen führen könnte. Hier setzt nun die Funktion der Nieren ein, die bei Süßwasserfischen ganz besonders leistungsfähig sind: Sie pumpen fortlaufend das überschüssige, in den Körper eingedrungene Wasser wieder hinaus. Es sind also bei den Süßwasserfischen, wie bei den Landtieren und auch dem Menschen die Nieren, die im wesentlichen für die konstante Konzentration der Blutflüssigkeit an Salzen sorgen (diese Konzentration entspricht bei Fischen und bei Säugetieren einer Salzkonzentration von etwa 0,9%).
So ist der Salzgehalt des Wassers einer der Milieufaktoren, die für die Verbreitung der Fische bestimmend sind. Die Temperatur ist ein zweiter Faktor, der die Fischfauna im Meer und im Süßwasser bestimmt.

Fische in warmem und kaltem Wasser

Die Temperatur im Wasser schwankt mit dem Wechsel der Jahreszeiten. Sie ändert sich je nach Sonneneinstrahlung und nimmt an Wärme von den Polen zu den Tropen hin zu. Im Sommer sinkt die Temperatur von der Wasseroberfläche zur Tiefe hin, im Winter ist dies gerade umgekehrt: die tieferen Wasserschichten sind wärmer und kühlen nicht so schnell aus wie die oberen Wasserschichten. Die meisten Fische halten sich in einer von ihnen bevorzugten Temperatur auf und sind auf diese Temperaturbedingungen angewiesen. Der Kaltwasserfisch würde z. B. bald sterben, wenn man ihn in tropischen Gewässern aussetzen würde, und die Seezunge, die höhere Temperaturen bevorzugt, würde in arktischen Gewässern nicht überleben können. In Eiswintern, in denen die Wassertemperatur in die Nähe des Gefrierpunktes sank, kam es zu einem Massensterben der Seezungen, bei dem vor allem die Jungtiere, deren Kräfte nicht ausreichten, um wärmere Gewässer aufzusuchen, in großen Mengen starben.

Die Temperatur spielt eine nicht unbedeutende Rolle bei der Verbreitung, der Vermehrung und dem Wachstum der Fische. Im Winter vermindert sich die allgemeine Lebensaktivität der Fische, sie fressen weniger und wachsen daher auch langsamer als im Sommer. Dieser Unterschied im Wachstum spiegelt sich bei den meisten Fischen in den Ohrsteinen und den Schuppen wieder, so daß man Winter- und Sommerringe unterscheiden und aufgrund dieses Unterschiedes auch das Alter bestimmen kann.

Auch in seinem Laichakt ist der Fisch bestimmten Temperaturverhältnissen angepaßt: die Makrele laicht bei 10 – 15 °, der Hering bei 6 – 12 ° und die in der Nordsee lebenden Schollen und Kabeljaue bei 4 – 6 °. Bei beträchtlichen Temperaturschwankungen, sei es eine Erwärmung oder Abkühlung, sterben die Eier ab.

Die Kurve zeigt, daß Fische im Sommer schnell und im Winter langsamer wachsen – und langsamer, je älter sie werden.

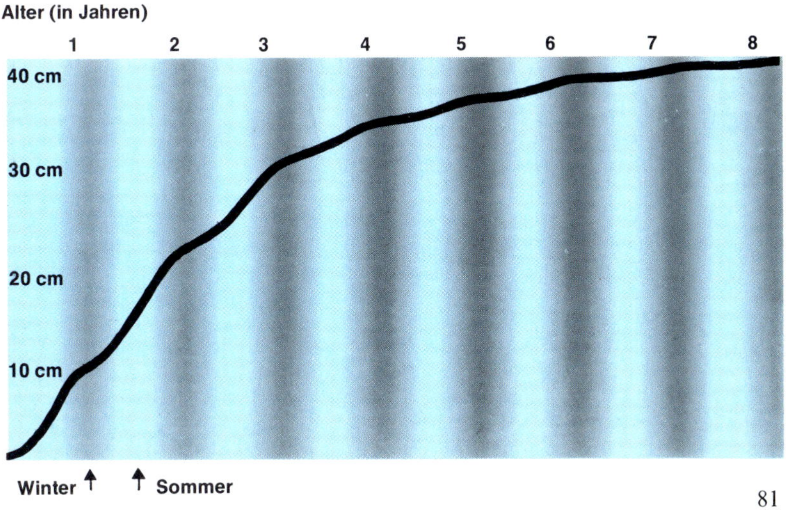

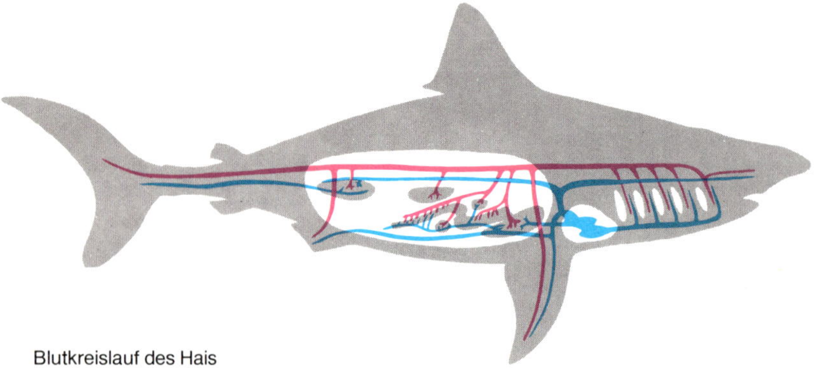

Blutkreislauf des Hais

Körpertemperatur und Sauerstoffatmung

Die Fische gehören zu den wechselwarmen Tieren, d. h. sie passen sich in ihrer Körpertemperatur der Außentemperatur an. Bei warmblütigen Tieren – Vögeln und Säugern – hält der Körper stets eine konstante Temperatur, die meist höher als die Außentemperatur ist. Dies geschieht mit Hilfe einer Isolierung durch Haut, Pelz oder Federn und mit Hilfe eines Wärmeregulierungssystems des Blutes.

Der Fisch besitzt keine isolierende Schicht, die die Körperwärme halten kann. Darüber hinaus besitzt er in seinen Kiemen ein besonders effektives Kühlaggregat: Fließt Blut in die Kiemen, um Sauerstoff aus dem vorüberfließenden Wasser aufzunehmen, so ist es vom Wasser nur durch eine sehr dünne Wand getrennt. Die Wärme, die dem Blut durch die Verbrennung von Nährstoffen im Organismus zugeführt wurde, wird auf diese Weise an das Wasser abgegeben. Das Blut, das aus den Kiemen zurück in den Körper fließt, besitzt dieselbe Temperatur wie das umgebende Wasser.

Um eine bestimmte Menge Wasser um eine bestimmte Anzahl von Graden zu erwärmen, braucht man 3000mal soviel Wärme, wie notwendig ist, um dieselbe Menge Luft zu erwärmen. Da ein Fisch, wenn er eine Sauerstoffmenge erhalten will, die dem Sauerstoffgehalt von 1 cm^3 entspricht, ca. 35mal soviel Wasser „atmen" muß, bedeutet das, daß die Abkühlung, die durch die Atmung erfolgt, ca. 100 000mal größer ist als bei luftatmenden Tieren, nämlich 3000 mal 35. Alle chemischen Prozesse, die in einem Organismus im Zusammenhang mit Stoffwechsel, Muskelbewegung, Nervenfunktion usw. vor sich gehen, erfolgen bei höheren Temperaturen schneller. Wenn z. B. bei einem Fisch die Temperatur um 10 °C steigt, was im Sommer bei vielen Fischen der Fall ist, so ist das gleichbedeutend damit, daß sich seine Muskelkraft verdreifacht. Er frißt mehr, kann mehr Nahrung umsetzen, schwimmt schneller usw. Viele Fische werden erst im Sommer richtig aktiv, während sie im Winter nahezu in einem Dämmerzustand leben, wo sie fast nichts fressen und sich nur sehr wenig bewegen.

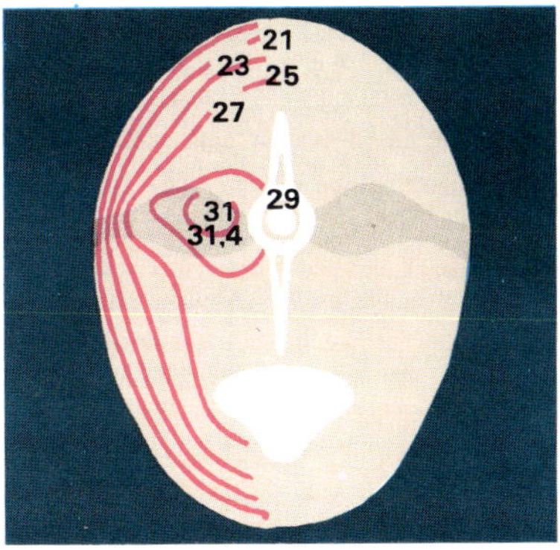

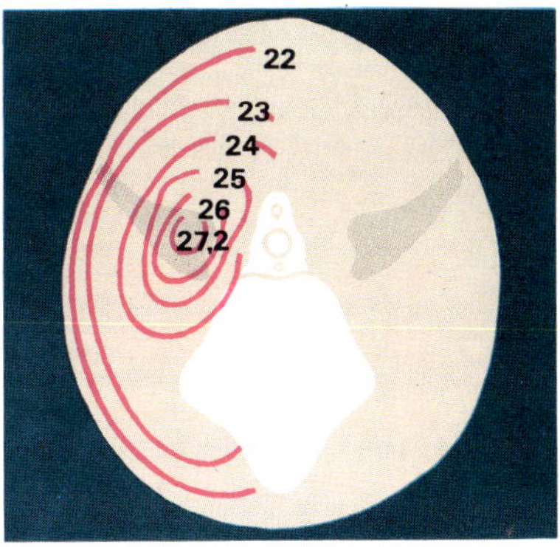

Aufgrund von Messungen der Körpertemperatur zweier warmblütiger Fische sind Kurven über die Temperaturverteilung im Körper gezeigt. Diese Fische (Thunfisch und Hai) leben in 20 °C warmem Wasser und besitzen in einigen Körperteilen eine Temperatur von mehr als 30 °C.

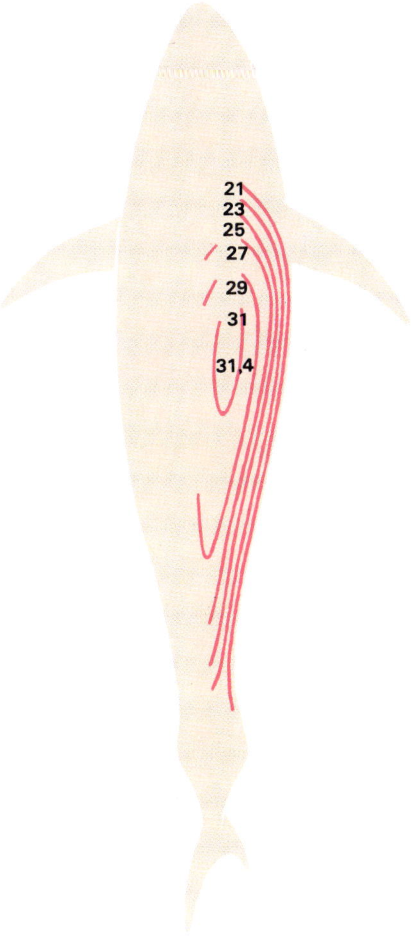

„Warmblütige" Fische

Nicht alle Fische gehören zu den Kaltblütern. So halten z. B. der Thunfisch und einige der großen Haie ihre Körpertemperatur mit Hilfe des sogenannten „Wundernetzes", d. h.: Die Blutgefäße sind so gelegen, daß das kalte Blut, das von den Kiemen in die Muskeln strömt, ein Netz von feinen Adern passiert, das sich dicht neben einem anderen Netz befindet, durch welches das warme Blut aus den Muskeln in die Kiemen strömt. Da diese beiden Blutströme nun so dicht beieinanderliegen, erwärmt das ausfließende warme Blut das einströmende kalte, so daß dessen Temperatur um ca. 10 °C steigt.

Die Makrele wird niemals müde

Es gibt unter den Fischen solche, die zwischen aktiven Schwimm- und passiven Ruhephasen abwechseln und einen 24-Stunden-Rhythmus besitzen. Es gibt aber auch solche Fische, die anscheinend niemals ermüden und ständig auf „Wanderschaft“ sind, wie z. B. Thunfisch, Hornhecht und Makrele. Die Muskulatur eines Wirbeltieres ist im allgemeinen eine Mischung aus dunklen und hellen Muskelfasern. Die dunklen Muskelfasern sind besonders reich mit Blutgefäßen versehen und enthalten eine große Menge jenes Farbstoffes (Myoglobin), der den Sauerstoff transportiert, den die Muskeln für ihre Arbeit benötigen. Sie enthalten ebenfalls in besonders großer Menge diejenigen Enzyme, die die mechanischen Prozesse im Muskel auslösen. Die Stellen im Organismus, die eine ständige Muskeltätigkeit erfordern, z. B. das Herz, sind nahezu ganz aus dunklen Muskelfasern aufgebaut. Beim Öffnen einer Makrele sieht man nun zu beiden Seiten der Wirbelsäule einen Streifen Fleisch, der wesentlich dunkler ist als seine Umgebung.
Hier handelt es sich nun um solche dunklen Muskelfasern, die es der Makrele ermöglichen, sich unaufhörlich zu bewegen. Der dunkle Muskel muß nämlich dauernd arbeiten, seine Kontraktionen sind die Ursache für die Bewegungen im Körper des Fisches, der sich somit ruhig schwimmend vorwärts durchs Wasser bewegen kann. Beschleunigt die Makrele nun das Tempo, um Beute zu fangen oder einem Feind zu entkommen, so benutzt sie dazu den gesamten Seitenmuskel, also die dunklen und die hellen Muskelfasern. Dies geht jedoch nur über eine kurze Zeit, da die hellen Muskeln schnell ermüden.

Messung der Schwimmgeschwindigkeit von Heringen im Aquarium

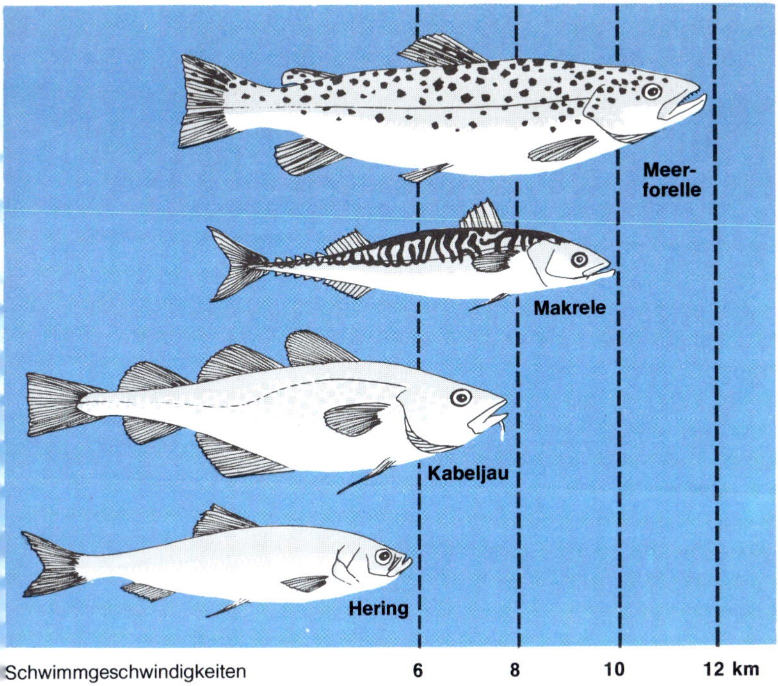

Schwimmgeschwindigkeit der Fische

Mit Hilfe von Experimenten konnte man die maximale Geschwindigkeit eines Fisches messen:
Man setzte in einem Aquarium 100 Heringe in einen Käfig, der mit einem dichtmaschigen Netz umspannt war. Dann schickte man einen Wasserstrom, dessen Geschwindigkeit zu messen war, durch diesen Behälter. Um nicht gegen das hintere Ende des Käfigs gepreßt zu werden, schwammen die Heringe gegen den Strom an, und zwar mit derselben Geschwindigkeit mit der das Wasser einströmte, jedoch in entgegengesetzter Richtung. Das Spitzentempo der Heringe maß man so, daß man die Strömungsgeschwindigkeit kontinuierlich ansteigen ließ, bis zu dem Punkt, an dem die Fische sich treiben ließen und nicht mehr gegen die Strömung anschwimmen konnten. So konnte man messen, daß die Spitzengeschwindigkeit eines Herings von ca. 30 cm Länge bei 6 km in der Stunde liegt. Ein Kabeljau von 50 cm Länge erreicht eine Höchstgeschwindigkeit von 8 km/h, eine Makrele 10 km/h und eine Meerforelle 12 km/h.
Maßgebend für die Schwimmgeschwindigkeit sind vor allem der Körperbau und der innere Bau eines Fisches, d. h. die Menge seiner Muskulatur, ob er einen torpedoförmigen oder einen plumpen Körper besitzt und wie seine Flossen gebaut sind.

Schlafende Fische

Wie schon gesagt, gibt es viele Fische, die einen großen Teil des Tages passiv sind. Von einem Fisch wie dem Hering aber hat man stets angenommen, daß er in ständiger Bewegung sei.
Zwar kann er sich aufgrund der Schwimmblase und dem damit verbundenen Druckausgleich im Wasser treiben lassen, doch vermutete man, daß er ständig in Bewegung sei, um ausreichend Sauerstoff für seine Kiemen zu beschaffen.
Diese Meinung geriet jedoch durch die Beobachtung eines Mannes auf den Faröern ins Wanken, der Heringe schlafen gesehen hat. Er erzählte, der Hering habe „gegrindet" (Grinden ist ein spezieller faröischer Ausdruck, der für Grindwale gebraucht wird, wenn sie mit dem Kopf über der Meeresoberfläche auftauchen, um Luft zu holen). Die Heringe seien also in Massen dicht an der Oberfläche gelegen, mit dem Kopf nach oben und dem Schwanz nach unten. Obwohl er mit seinem Boot bis zu ihnen hinfuhr, habe er sie nicht wecken können. Erst als einige Walfängerboote, die in der Nähe lagen, Kanonen ausprobierten, seien die Heringe aufgewacht und eiligst in der Tiefe verschwunden. Daß Klippenbarsche auf der Seite liegend schlafen, ist wissenschaftlich bewiesen; was es aber mit diesen schlafenden Heringen auf sich hat, ist noch nicht genügend erforscht.

„Schlafende" Heringe

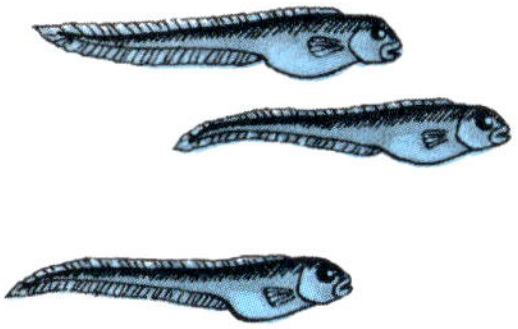

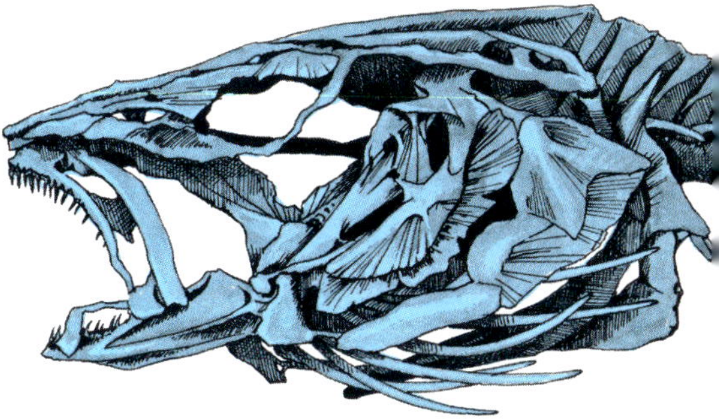

Fischbrut und Jungfische

Das Bestehen einer jeden Tierart ist von zwei Dingen abhängig: von der Fähigkeit der Individuen, ihr Leben zu erhalten und von der Fähigkeit, sich zu vermehren.

Da die Jungtiere einer jeden Art die kleinsten und schwächsten Individuen sind, sind sie auch am meisten von den Gefahren ihrer Umwelt bedroht. Sie wären daher das schwächste Glied in der Kette der Lebensläufe, die die Existenz der Art sichern, wenn die Natur nicht so weise eingerichtet wäre, gerade diese allerfrühsten Lebensstadien in irgendeiner Form besonders zu schützen. Dieser Schutz der jüngsten Individuen ist bei den verschiedenen Tierarten auf unterschiedliche Weise entwickelt.

Die Vögel z. B. sind in ihren frühesten Stadien durch die Eierschalen und durch die brütende Mutter beschützt; sie finden außerdem im Ei reichlich Nahrung.

Die Säugetiere sind noch besser beschützt, denn sie liegen ja in der Mutter, bis sie voll entwickelt sind.

Die kleinen Fische dagegen sind in hohem Maße ihrem Schicksal überlassen. Weitaus die meisten Fische entwickeln sich außerhalb der Mutter. Die Eier und der Samen werden frei ins Wasser abgegeben, hier findet dann die Befruchtung statt. Bei der überwiegenden Zahl der Fische haben die befruchteten Eier, also der Laich, und die kleinen Fischlarven keinen genügenden Schutz gegen ihre Umwelt. Sie sind in den ersten Lebensmonaten daher zahlreichen Gefahren ausgesetzt: räuberischen Fischen die sie fressen wollen, Stürmen, die sie in Gewässer treiben können, in denen sie aufgrund der Temperatur oder des Salzgehaltes nicht leben können und vieles andere mehr.

Dennoch ist für die Erhaltung der Art bei den Fischen vorgesorgt, da unermeßliche Mengen von Eiern abgelegt werden. Selbst wenn mehrere tausend Eier oder Larven zugrunde gehen oder gefressen werden, überleben immer noch genügend Individuen, um die Art zu erhalten. Das Schutzsystem bei den Fischen beruht im allgemeinen also nicht auf dem Schutz des

Säugerembryo

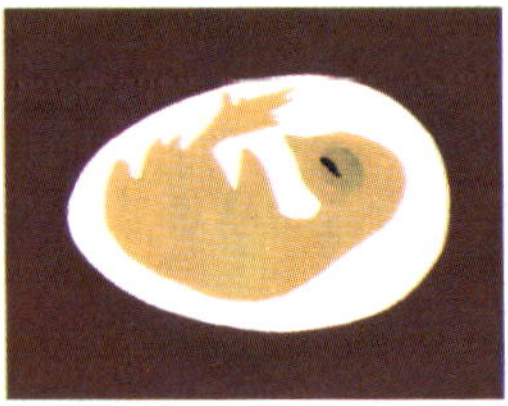

Vogelembryo

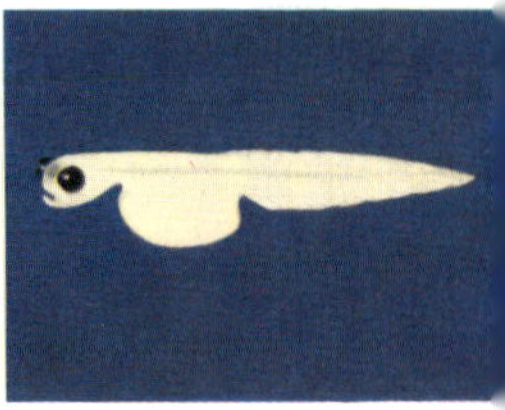

Fischlarve

Einzelindividuums sondern auf der Produktion eines Überflusses.
Die Anzahl der Eier im Rogensack eines Fisches ist je nach Art verschieden: der Stichling hat wenige hundert Eier, der Lachs 10 – 20 000, Schollen und Seezungen 100 – 500 000, der Kabeljau 1 – 5 Millionen und der Leng 20 – 40 Millionen Eier. Am produktivsten ist jedoch der Mondfisch, der nicht weniger als 300 Millionen Eier jährlich produziert.
Die fruchtbarsten Fischarten sind diejenigen, die pelagische Eier haben, d. h. Eier, die frei im Wasser schweben. Hierzu gehören z. B. die Plattfische, die Dorschfische, die Makrelen und die Sprotten.
Die Eier des Herings dagegen sinken zu Boden und die des Hornhechtes sind mit klebrigen Haftfäden versehen, mit denen sie sich an Tang oder Steine anheften können.

Das Laichverhalten der Fische

Im allgemeinen laichen die Fische jedes Jahr einmal; es gibt aber auch Arten, die überhaupt nur einmal laichen und danach sterben (Aale).

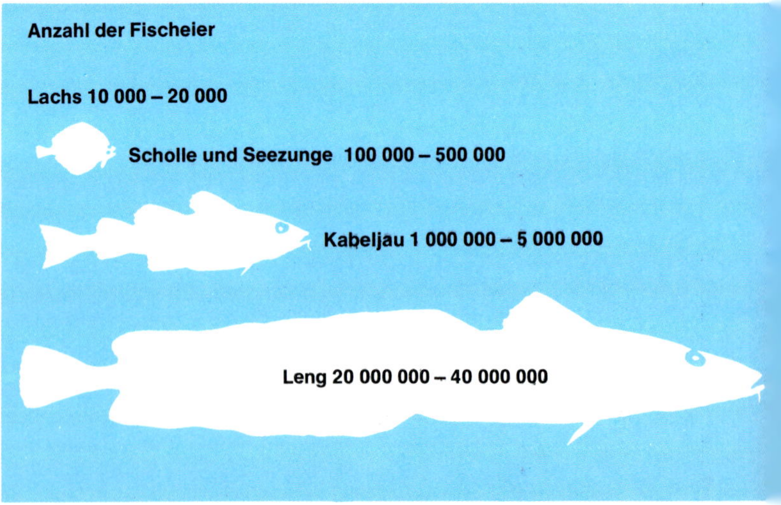

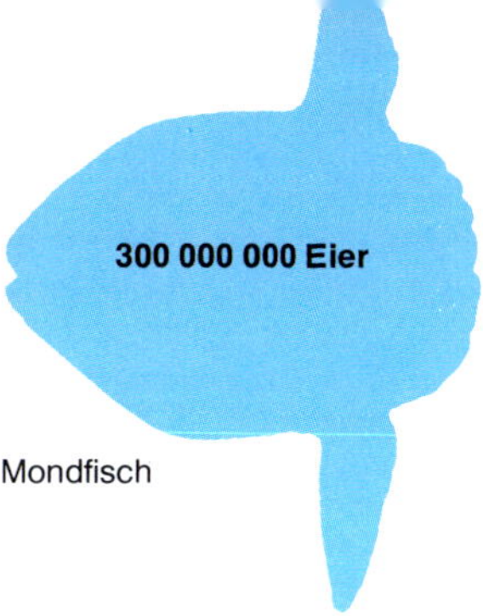

Mondfisch

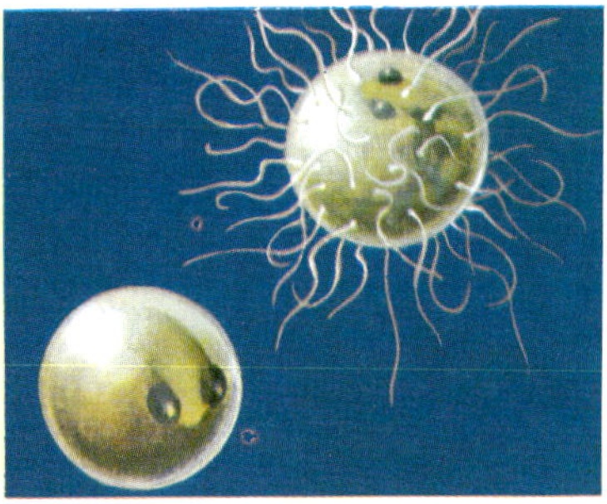

Herings- und Hornhechtei

Beginn und Länge der Laichzeit sind abhängig vom Nahrungsangebot für die Brut, d. h. indirekt vom Klima. Das Futter für die Fischlarven und die Jungfische besteht aus Planktonorganismen, deren Produktion im Frühjahr, bei wärmerem Klima und mehr Licht, besonders groß ist. Aus diesem Grund laichen auch die meisten Fische der arktischen Gewässer im Frühjahr. Die Laichperiode dieser Fische ist durch das Nahrungsangebot sehr begrenzt, da der Sommer in diesen Gebieten sehr kurz ist. Im Gegensatz dazu haben Fische, die in wärmeren Gewässern leben eine sehr lange und unbegrenzte Laichzeit. In diesen Gebieten ist das Nahrungsangebot aufgrund der übers ganze Jahr fast konstanten Temperatur ebenfalls konstant. Es gibt unter den hier laichenden Fischen Arten, deren Laichakt ein ganzes Jahr dauert.

Seehasen- und Kabeljau-Rogen (Eiersack)

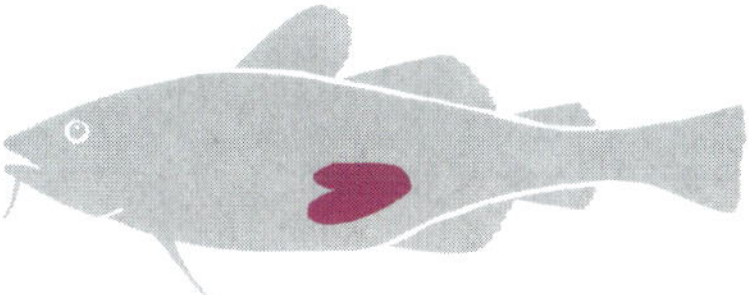

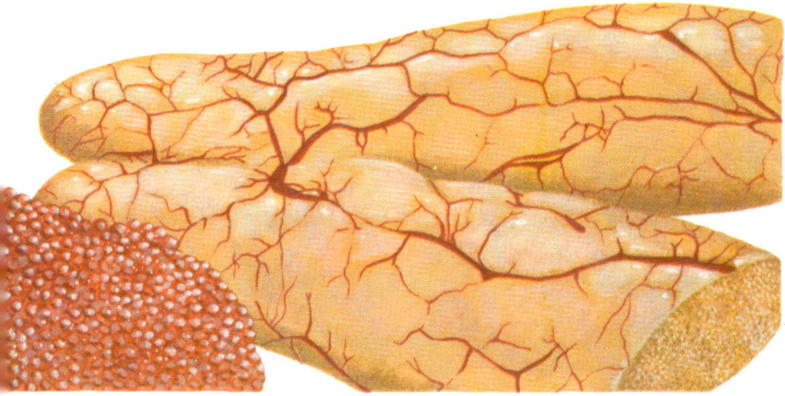

Eizahl und Größe des Bestandes

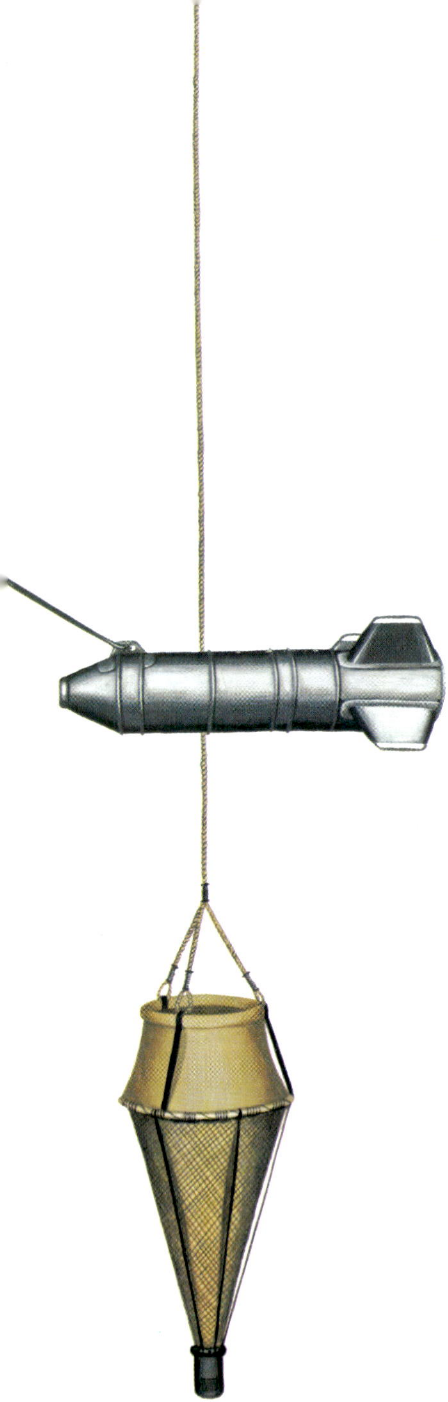

Die Größe eines Fischbestandes kann man in Erfahrung bringen, wenn man die Zahl der abgelegten Eier zählt. Man sammelt über dem ganzen Laichgebiet mit Hilfe eines großen, feinmaschigen Seidennetzes, eines sogenannten „Hensen"-Netzes, oder mit Hilfe eines besonderen torpedoförmigen Planktonsammlers Eier ein. Nimmt man während der gesamten Laichzeit eine große Anzahl von Proben, so kann man ausrechnen, wie viele Eier sich durchschnittlich in einem Kubikmeter Wasser befinden. Auf dieser Grundlage kann man schätzen, wie viele Eier abgelegt worden sein müssen.

Unmittelbar vor Beginn des Laichaktes nimmt man Proben von laichreifen Weibchen und zählt, wie viele Eier sie durchschnittlich enthalten. Mit Hilfe einer einfachen Rechnung kann man nun von der Anzahl abgelegter Eier und dem durchschnittlichen Eivorkommen in jedem Weibchen auf die Anzahl der weiblichen Fische schließen. Dies ist jedoch bei weitem nicht so einfach, wie hier beschrieben. In dieser Berechnung muß man die Entwicklungsstufen der Eier, ihre Verteilung im Wasser, die Strömung und vieles mehr berücksichtigen.

Man hat eine derartige Untersuchung bei Schollen in der Nordsee vorgenommen und festgestellt, daß in den Jahren um 1950 3,5 Tausend Milliarden Scholleneier jährlich auf dem Laichplatz in der nördlichen Nordsee von 40 – 50 Millionen Weibchen abgelegt wurden.

Wenn man die Männchen und die vielen noch nicht geschlechtsreifen Fische hinzuzählt, kommt man auf einen Schollenbestand, der weit über 100 Millionen liegt.

Bei Schollen und vielen anderen Bodenfischen erfolgt der Laichakt auf dem Grund des Meeres. Sobald die

Geräte zum Fang von Fischeiern und -larven

Eier abgelegt und befruchtet sind, nehmen sie Wasser auf und schwellen zu kleinen glasklaren Kugeln von etwa 2 mm Durchmesser an. Damit verändert sich ihr spezifisches Gewicht, und sie steigen in die obersten Wasserschichten auf, wo sie dann treiben, bis nach einigen Wochen die Larven schlüpfen. Auch die Larven lassen sich mit der Strömung treiben, bis sie den Verwandlungsprozess beginnen, der sie in Jungfische mit dem Aussehen der erwachsenen Fische wandelt.

Fische, die ihre Eier beschützen

Bei den Fischen, die ihre Eier und den Samen frei ins Wasser abgeben, gibt es eine hohe Ausfallquote, die auf ungenügender Befruchtung, Freßfeinden, Temperaturschwankungen oder anderen ungeeigneten Umwelteinflüssen beruht. Nur durch die Ablage einer ungeheuren Zahl von Eiern kann diese Ausfallquote wieder ausgeglichen werden.

Nun gibt es aber auch eine Anzahl von Fischen, die Brutpflege betreiben, d. h. ihre Eier und auch die Larven vor Umweltgefahren beschützen.
Dies betrifft eine Reihe von Arten, die in den Küstengewässern laichen, wie z. B. Stichlinge, Grundeln, Seenadeln und Aalmuttern. Bei all diesen Fischen ist die Anzahl der abgelegten Eier klein. Jede dieser Fischarten hat eine etwas andere Art, die Brut zu pflegen. Wenn im Frühjahr die Laichzeit des Stichlings beginnt, nimmt das Männchen eine kräftige rote Farbe auf der Bauchseite an, die die Weibchen anlocken soll. Gleichzeitig wird dieser Fisch auch sehr geschäftig.
Er beginnt ein Nest zu bauen: Mit einem Sekret, das von der Niere ausgeschieden wird, klebt er Pflanzenteile zusammen und bringt dann das Nest am Boden oder zwischen den Stengeln von Wasserpflanzen an. Wenn das Männchen mit dem Nestbau fertig ist, sucht es sich ein Weibchen und lockt es durch Balzbewegungen in das Nest

Stichlinge mit Nest

Sandküling, der bei einer Muschelschale wacht

hinein, in dem das Weibchen dann seine Eier ablegt. Das Männchen befruchtet die Eier durch Ausgießen des Samens über den Rogen, danach holt es sich ein neues Weibchen. Dieser Vorgang wiederholt sich so lange, bis genügend viele Eier im Nest sind – in der Regel einige hundert Stück. 7 – 8 Tage vergehen, ehe die Larven schlüpfen. In dieser Zeit übernimmt das Männchen die Brutpflege. Es verteidigt die Brut gegen Laichräuber, bessert das Nest aus und fächelt den Eiern mit seinen breiten Brustflossen ständig frisches Wasser zu.
Bei den Sandkülingen betreibt ebenfalls das Männchen allein die Brutpflege. Es baut jedoch kein Nest, sondern benutzt eine leere Muschelschale, die mit der hohlen Seite nach unten auf dem Boden liegt und so eine natürliche Höhle bildet. Oft werden die großen, weißen Schalen der Sandmuschel dafür genutzt. Das Weibchen legt die birnenförmigen Eier fest an die Innenseite der Muschel. Sind die Eier abgelegt, verschwindet das Weibchen und das Männchen bewacht ca. 9 Tage das Gelege, bis die Larven schlüpfen. Das Sandküling-Männchen betreibt die gleiche Brutpflege wie das Stichlings-Männchen. Solche Muscheln mit Fischlaich kann man im Sommer in den Fjorden und im flachen Wasser bis zu 20 – 30 cm Tiefe finden.
Die Brutfürsorge der Seenadeln ist von besonderer Art. Die Männchen tragen an der Bauchfläche eine Bruttasche, in die die Weibchen ihre Eier ablegen. Hier werden die Eier befruchtet, und hier liegen sie sicher, bis die Larven schlüpfen, das dauert in der Regel 8 – 10 Tage, je nach Temperatur. Wenn die Larven geschlüpft sind, verlassen sie die Bruttasche.

Fische, die sich paaren

Es gibt unter den Fischen auch solche, die sich schon vor dem Laichen paaren, z. B. die Leierfische. Hier unterscheiden sich die beiden Geschlechter sehr stark. Die Männchen werden größer und besitzen viel längere Rückenflossen als die Weibchen. Außerdem sind die männlichen Fische viel stärker gefärbt. In der Laichzeit führen die Männchen einen sogenannten „Hochzeitstanz“ vor den Weibchen auf, um deren Aufmerksamkeit zu wecken. Während des eigentlichen Laichaktes steigen dann die beiden Fische eng aneinandergeschmiegt senkrecht in die Höhe.
Man sollte sich vielleicht darüber wundern, wie es überhaupt möglich ist, daß sich glatte und schleimige Fische, die im Wasser schwimmen, paaren können.
Im Unterschied zu Säugetieren und Fröschen haben die Fische keine Gliedmaßen, um einander damit festzuhalten, und sie haben keine Flügel zum Schlagen, um während des Paarungsaktes die Balance zu halten, wie es die Vögel können. Bei den meisten Fischen erfolgt der Paarungsakt in Sekundenbruchteilen, so daß der Kontakt kein Problem ist. Bei der Aalmutter besteht das Paarungsorgan aus einer ganz kleinen Hautpapille, die am Bauch des Männchens sitzt und die blitzschnell in die Geschlechtsöffnung des Weibchens eingeführt wird. Auch Haie und Rochen paaren sich, es findet eine innere Befruchtung statt. Die Bauchflossen – beim Weibchen ungeteilt – sind beim Männchen verlängert und bilden einen rinnenförmigen Griffel, der zum Halten und Begatten der Weibchen dient. Fast alle Haie und Rochen bringen lebende Junge

Geöffnetes Aalmutterweibchen

zur Welt, die schon bei ihrer Geburt vollständig ausgebildet sind. Es gibt aber auch unter diesen Fischen Arten, die Eier legen. Diese sind durch eine mehr oder weniger durchscheinende Hornkapsel geschützt und können durch fadenförmige Ausbildungen an Wasserpflanzen und Steinen befestigt werden. Die Eier sind relativ groß, ebenso die Jungen. Haie und Rochen legen nicht mehr als ca. 50 Eier; lebendgebärende Arten bringen selten mehr als 40 Junge zur Welt, bei den meisten dieser Arten sind es nur 2 – 3. Auch die Aalmutter bringt lebende Junge zur Welt. Diese Fische paaren sich im Sommer, das Weibchen ist etwa ein halbes Jahr trächtig. Die Jungen, die um Neujahr geboren werden, sind ca. 3 – 4 cm lang. Ein Aalmutter-Weibchen enthält in der Regel ca. 100 – 400 Junge.

Aalmutter mit Jungem

a

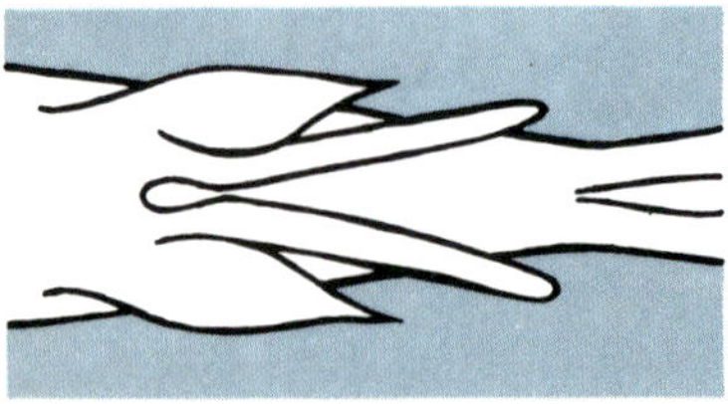

b

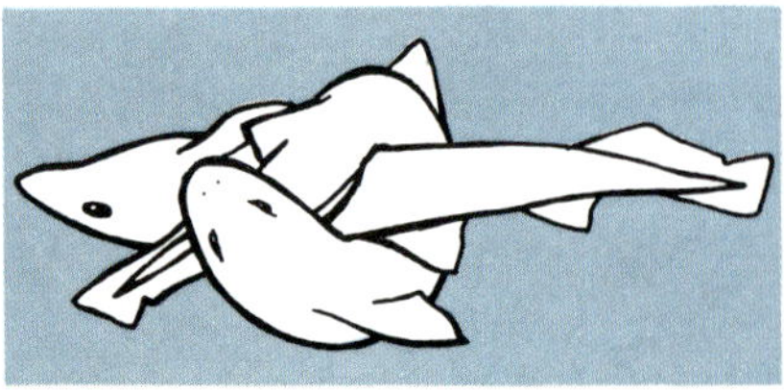

c

Fischlarven und Jungfische

Die kleinen Larven, die aus den Eiern eines Fisches schlüpfen und die anfangs nur wenige Millimeter groß sind, schwimmen frei (pelagisch) in den oberen Wasserschichten und ernähren sich von Planktonorganismen. Sie sind zuerst im Meer in der Nähe der Laichplätze zu finden, treiben jedoch allmählich mit der Strömung davon. Wenn sie eine gewisse Größe er-

a. Kleinfleckiger Katzenhai
b. Paarungsorgane des Männchens
c. Haie beim Paaren
d. Eierlegender Hai

Rechts: Nahrungsänderung eines heranwachsenden Hais

d

reicht haben, verwandeln sie sich in kleine Jungfische, die schon das Aussehen des erwachsenen Fisches besitzen oder diesem zumindest schon sehr ähneln.

Das Wachstum der Larven hängt stark von der Nahrung ab. Unmittelbar nach dem Schlüpfen verhungern schon viele Larven, da das Nahrungsangebot nicht immer ausreichend für eine große Brut ist. Diejenigen, die das Verwandlungsstadium erreichen, sind darauf angewiesen, daß die Strömung sie an den richtigen Ort trägt, d. h. in Gebiete mit ausreichender und passender Nahrung. Für viele Fische bedeutet dies: in die Nähe der

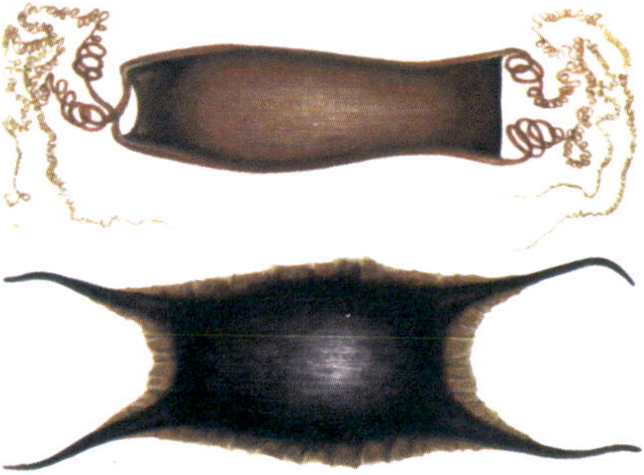

Eikapsel von Katzenhai (oben) und Rochen (unten)

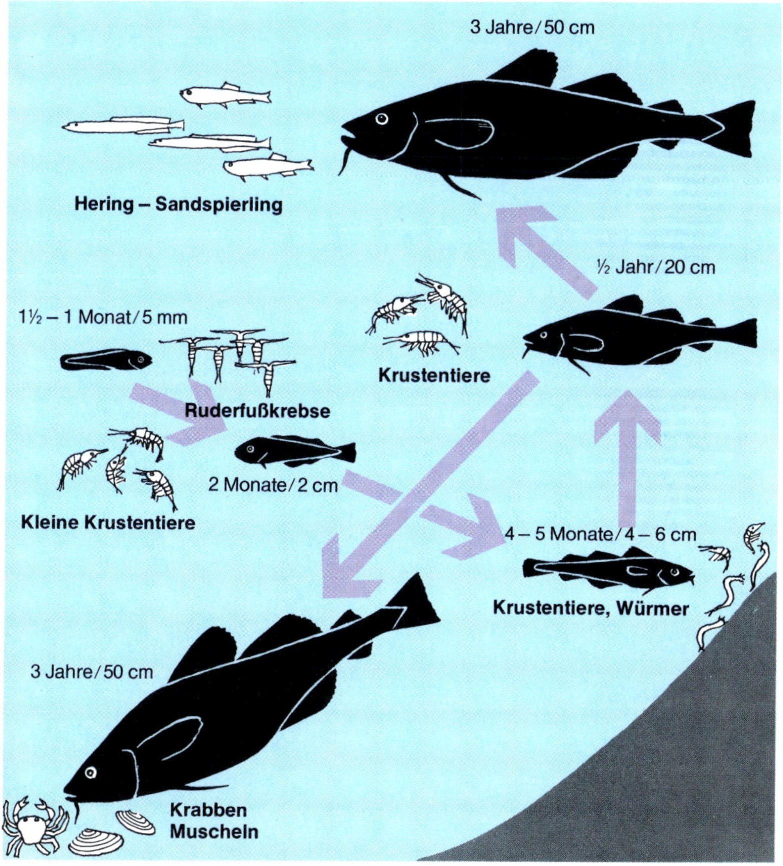

Küste. Hier im flachen Wasser, wo die Sonnenstrahlen bis zum Boden durchdringen können, findet eine riesige Produktion derjenigen Kleinorganismen statt, von denen diese Jungfische leben können. Bei weiterem Wachstum ändern die Fische ihre Nahrung, sie wählen größere Tiere. Viele Jungfische, die an der Küste gelebt haben, begeben sich in das tiefere Wasser, und viele Jungfische, die sich vom Plankton der oberen Wasserschichten ernährt hatten, begeben sich zu Boden, um dort geeignete Nahrungstiere zu suchen.

Nahrungsaufnahme

Fast alle Fische leben räuberisch von tierischer Nahrung. Es gibt äußerst wenige Fischarten, die Pflanzenfresser sind. Die Nahrung der Raubfische besteht je nach Art und Größe aus kleinen Ruderfußkrebsen, Bodentieren, Fischlaich oder anderen kleineren Fischen.

Fische, die von anderen Fischen leben, haben Zähne, um die Beute packen und festhalten zu können. Die Beute wird nicht gekaut, sondern ganz verschlungen. Öffnet man den Magensack eines Kabeljaus, so findet man in verhältnismäßig unbeschädigtem Zustand Muscheln, Seeigel, Krabben und Fische. Erst durch die Magensäure werden die verschlungenen Nahrungstiere zersetzt und aufgelöst. Nur zerdrückte und aufgelöste Nahrung kann auf dem weiteren Weg durch den Darm von der Darmwand aufgesaugt und ausgenutzt werden. Diese Wanderung durch den Darm kann bei Fischen bis zu mehreren Tagen dauern.

Das Verdauungssystem der Fische sieht im wesentlichen so aus:

Maul – Schlund – Magen – Darm – After.

Einzelne Arten haben einen nahezu gleichförmigen Verdauungskanal, – ein Rohr, das von der Mundhöhle bis zum After führt.

Am Übergang vom Magen zum Darm sitzt oft eine Anzahl von Blinddärmen, der Kabeljau z. B. hat ein ganzes Bündel solcher Blindschläuche. Welche Bedeutung diese „Blinddärme“ bei der Verdauung haben, ist noch nicht bekannt.

Im Verhältnis zu ihrer Größe haben die Haie einen sehr kurzen Darm. Bei einem Hai von 3 m Länge ist der Darm etwa 3 m lang, während der Darm eines Menschen etwa 7 – 8 m lang ist. Der kurze Haidarm ist inwendig mit einer oberflächenvergrößern-

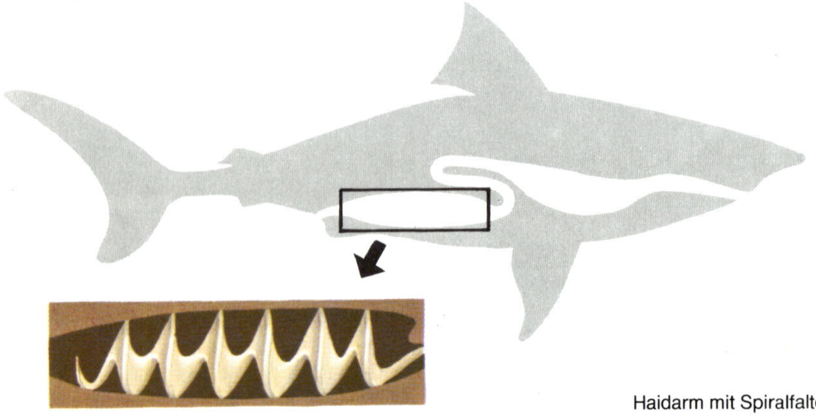

Haidarm mit Spiralfalte

den Spiralfalte ausgekleidet, die bewirkt, daß die Nahrung den Darm wie durch die Schnecke eines Fleischwolfes passieren kann. Dadurch wird der Durchgang durch den Darm verlangsamt und die resorbierende Darmoberfläche stark vergrößert.
Betrachtet man den Bau eines Fischmaules, so sagt dieses oft etwas darüber aus, was der Fisch frißt. Der Wittling z. B. hat ein vorgeschobenes Maul mit vielen Reihen nadelspitzer Zähne, die selbst die dicksten Muschelschalen zerbrechen können. Der Seeteufel, der auf dem Boden liegt und nach Fischen schnappt, hat einen sehr ausgeprägten Unterbiß. Seine spitzen, nach hinten gerichteten Fangzähne lassen sich nach hinten biegen, so daß die Beute nicht wieder entgleiten kann. Der Schellfisch dagegen, der hauptsächlich von Bodentieren lebt, hat einen Oberbiß. Dasselbe trifft für die von Muscheln lebenden Rochen zu. Die kleinen Zähne sind pflasterartig im Maul angeordnet, so daß Muscheln zwischen diesen Zahnplatten ohne weiteres zerbrochen werden können. Die Leierfische können ihr Maul zu einer kleinen Röhre formen, mit der sie Kleintiere und Pflanzenteile vom Boden wie durch einen Strohhalm aufsaugen können.

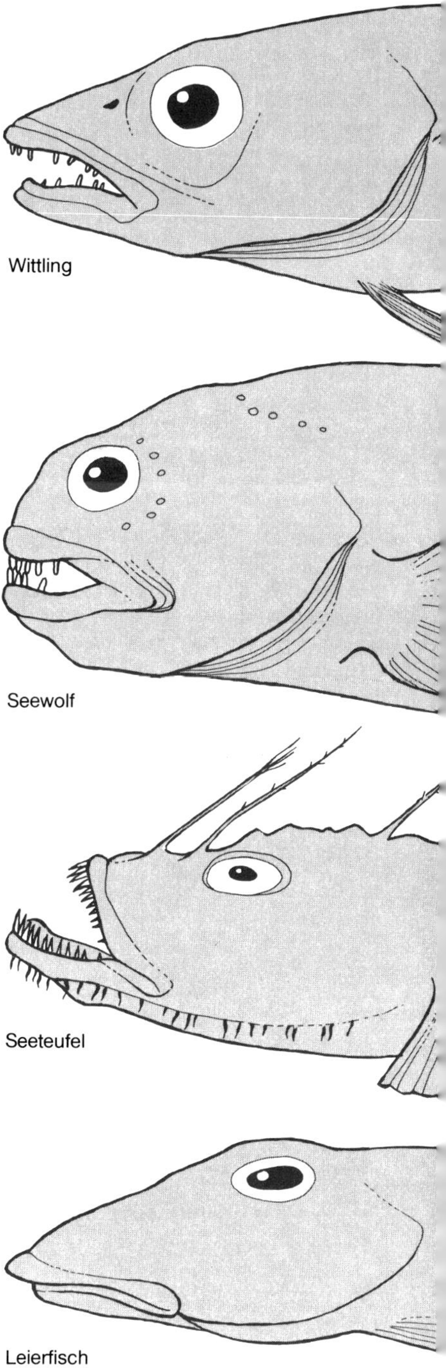

Maulformen bei vier Fischen mit verschiedener Nahrungsaufnahme.

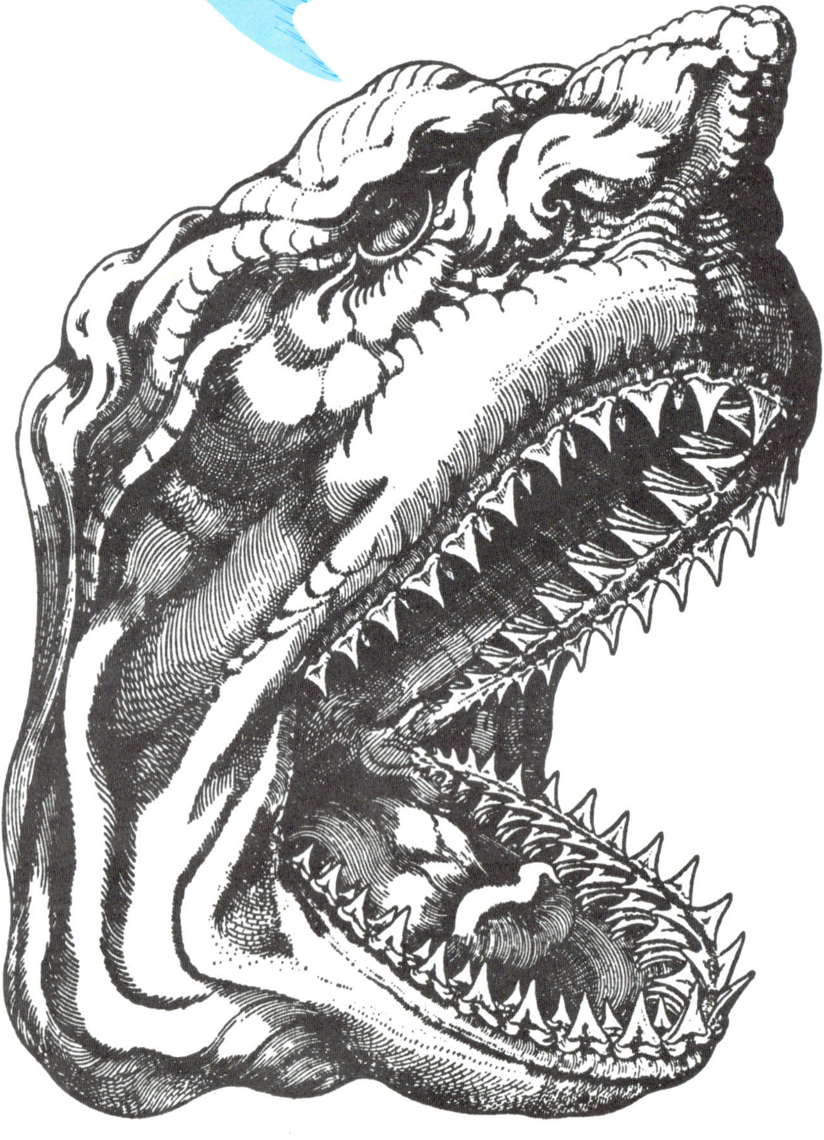

Haikopf (nach Niels Steensen)

Die „gefährlichen" Haie

Für den Hai sind vor allem sein Rachen mit den vielen spitzen Zähnen, die in mehreren Reihen hintereinander sitzen, und die hohe dreieckige Rückenflosse charakteristisch.
Die stark bezahnten Kiefer der Haie haben eine Besonderheit: wenn die vordersten Zahnreihen abgenutzt sind, so rücken neue vor. Ständig wachsen hinten im Maul neue Zahnreihen nach, die bereit sind, bei Bedarf nachzurücken.
Lange Zeit hat es viele Zweifel gegeben, wie gefährlich Haie eigentlich für den Menschen sind. Viele der grauenerregenden Berichte, die man von Haiangriffen hört, sind stark übertrieben, obwohl man auch weiß, daß mehr als 100 Menschen jährlich den Angriffen der Haie zum Opfer fallen und daß mindestens jeder zweite von ihnen diesen Angriff nicht überlebt.
Von den 250 Haiarten, die man kennt, sind es knapp 20, von denen man weiß, daß sie Menschen im Wasser angreifen können – und diese ca. 20 Arten kommen nur in tropischen und subtropischen Gewässern bei einer Wassertemperatur von ca. 21 ° vor. Von den im Nordatlantik lebenden Haiarten ist keine für den Menschen gefährlich. Die meisten Haie sind Raubfische, die sich in der Hauptsache von Fischen ernähren, z. B. von Makrelen und Heringen. Der größte Hai, der Riesenhai, mit einer maximalen Länge von 12 Metern, ist sogar ein Planktonfresser.

Wachstum und Alter

Ebenso wie alle anderen Wirbeltiere wachsen auch die Fische in ihren ersten Lebensjahren am schnellsten. In der Zeit, in der sie geschlechtsreif werden, beginnt das Wachstum abzunehmen. Dieses Alter variiert von Fischart zu Fischart: Ein Stintdorsch oder eine Grundel sind schon als Einjährige geschlechtsreif, eine Scholle mit ca. 3 Jahren und ein Nordseekabeljau erst im Alter von 4–5 Jahren. In diesem Alter geht das Wachstum zwar zurück, der Fisch hört aber nie ganz auf zu wachsen; aber je älter er wird, desto langsamer wächst er.
Im Sommer wächst ein Fisch schneller als im Winter, und vor der Laichzeit wächst ein Fisch langsamer als danach. In erster Linie aber hängt das Wachstum von der Ernährung ab, bei reichlichem und abwechslungsreichem Nahrungsangebot wächst ein Fisch besonders gut.
Die Tiere in der freien Natur müssen einen harten Kampf ums Dasein führen: „Fressen und gefressen werden", lautet hier die Devise.

Alter Kabeljau

Wenn sie sich ihr Leben erhalten wollen, müssen sie sich Nahrung verschaffen und ihren Feinden entgehen. Kleinere Fische und Jungfische haben natürlich mehr Feinde als größere und ältere Fische. Bei den Fischen gibt es daher eine große „Kindersterblichkeit".

Bei einer großen Zahl von Fischarten

Unten: Alterszusammensetzung von Schollen der Nordsee. Die oberen Zahlen geben die Anzahl der Fische in Millionen an, die unteren das Alter der Fische.

Rechts: Heringsschuppe mit „Jahresringen“

Unten: Unterschiede von Nord- und Ostseeschollen in der Größe: eine vierjährige Nordseescholle mißt 30 cm, eine gleichaltrige Ostseescholle 24 cm.

weiß man ziemlich genau, wie alt sie werden können, eine exakte Altersbestimmung ist bei Fischen jedoch nicht möglich.
Ein Steinbutt kann 35 Jahre, ein Hering 15 und ein Kabeljau 30 – 40 Jahre alt werden. Man weiß nicht, warum die Fische einiger Arten ein hohes Alter erreichen und andere nicht. In der Regel haben jedoch die kleineren Arten die kürzeste Lebenserwartung. Fische wie Stintdorsch und Grundel werden nur einige Jahre alt. Möglicherweise hat die Wassertemperatur etwas mit der Lebenserwartung zu tun, denn die Wassertemperatur ist ja für den Stoffwechsel und die Körpertemperatur bei diesen wechselwarmen Tieren bestimmend. Viele Fische, die in kaltem Wasser leben, werden älter als ihre Verwandten in wärmeren Gewässern. In der Barentsee fängt man nicht selten Schollen, deren Alter man auf 30 – 35 Jahre schätzt. Der Rotbarsch in den arktischen Gewässern kann ca. 80 Jahre alt werden. Die Meerforelle kann 25 – 30 Jahre alt werden, während ihre Verwandte, die Bachforelle, nicht älter als 10 Jahre wird.
Eine genaue Altersbestimmung der Fische ist recht schwierig. Man kann Schuppen, Knochen und die Gehörsteine der Fische zum Bestimmen des Alters heranziehen. Durch den Wechsel von schnellem Wachstum im Sommer und langsamem Wachstum im Winter sind bei den Schuppen, den Knochen und den Gehörsteinen periodisch anwachsende Zonen zu erkennen, an denen man das ungefähre Alter abschätzen kann.

Das Meer, mit Fischaugen gesehen

Im Wasser sind die Bedingungen wahrzunehmen – d. h. die Umgebung zu erfassen – ganz anders als in der Luft. Man kann z. B. durch Wasser nicht so weit sehen wie durch Luft. Dafür pflanzt sich aber der Schall viermal schneller als durch Luft fort, nämlich mit einer Geschwindigkeit von etwa 1500 Metern pro Sekunde. Auf dem Festland kann man in der Regel sowohl schmecken als auch riechen, d. h. mit speziellen Geschmackszellen werden gelöste Stoffe geschmeckt, und mit speziellen Geruchszellen wird gerochen.
Im Meer sind alle Stoffe in Wasser gelöst, für die Fische besteht daher kaum ein Unterschied zwischen Schmecken und Riechen.

Die Art der Wahrnehmungen ist also bei Wassertieren völlig anders als bei Landtieren.
Wenn wir in ein beleuchtetes Aquarium schauen, in dem Fische zwischen Wasserpflanzen umherschwimmen, in dem Muscheln und Schnecken auf dem Boden liegen oder umherkrabbeln, dann sehen wir die Unterwasserwelt auf unsere Weise – wie aber z. B. sehen die Fische?

Der optische Sinn

Diese Frage könnten uns eigentlich nur die Fische selbst genau beantworten, wir können uns nur gewisse Vorstellungen davon machen, denn wir wissen etwas über die Lichtver-

Rechts: Der dunkle Rücken und der helle Bauch des Fisches (b) bewirken, daß er mit der Umgebung zusammenfällt, wenn man ihn von oben (a) und von unten sieht (c)

Unten: Durch Bewegung der Linse stellt der Fisch sein Sehen auf Nähe oder Ferne ein

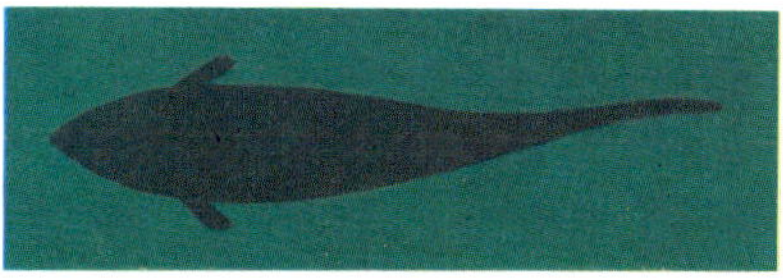
a

b

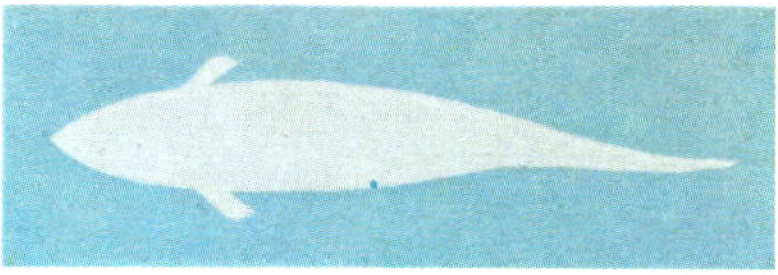
c

hältnisse im Wasser, und wir kennen den Bau und die Funktion eines Fischauges.

In der Welt, in der die Fische leben, gibt es nicht annähernd so viel Licht und nicht annähernd so viele Farben wie in der Atmosphäre über dem Wasserspiegel.

Wenn das Sonnenlicht, das ja alle Spektralfarben enthält, durch das Wasser dringt, so wird mit zunehmender Tiefe eine Farbe nach der anderen absorbiert. Ganz oben an der Oberfläche verschwindet zuerst die rote Farbe, dann die gelbe, dann die grüne und in gut 100 m Tiefe ist nur noch blaues Licht übrig. Dieses wird weiter abwärts immer schwächer, bis es in der Finsternis, die in etwa 1000 Metern Tiefe herrscht, gänzlich verschwindet.

Die Augen der Fische sind dem Sehen unter diesen Lichtverhältnissen angepaßt:

Das Fischauge ist im wesentlichen so gebaut wie unser Auge. Ein Unterschied besteht jedoch in der Anpassung an das Nah- und Fernsehen. Beim Säugerauge paßt sich die Linse durch eine Formänderung den verschiedenen Entfernungen an, das Fischauge paßt sich durch eine Lageänderung diesen Bedingungen an. Die Linse des Fischauges ist hart und kugelförmig und kann ihre Form nicht verändern, sie kann nur mit Hilfe eines Muskels hin- und herbewegt werden. Das Fischauge ist normal zum Sehen in die Nähe eingestellt, zum Fernsehen wird die Linse näher an die Netzhaut gezogen. Die Linse sammelt die einfallenden Lichtstrahlen, konzentriert sie und schickt sie weiter zur Rückwand (Netzhaut) des Auges, die Tausende von Sinneszellen enthält, die man der Form nach in Stäbchen und Zäpfchen einteilen kann. Diese Sinneszellen stehen mit Schaltzellen

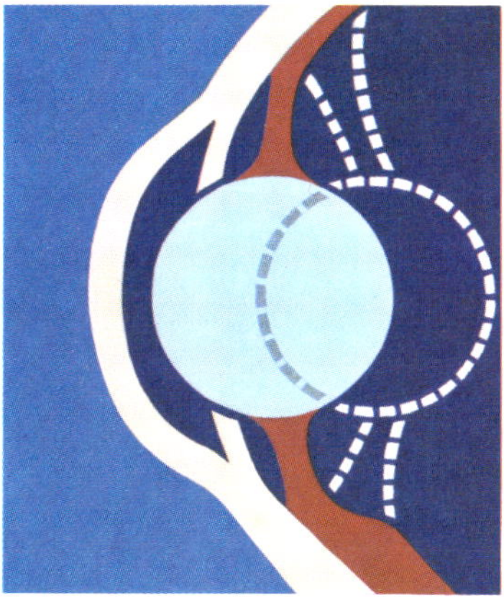

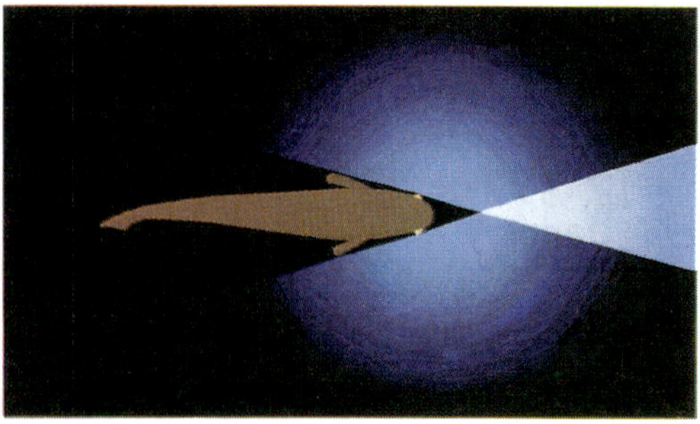

a

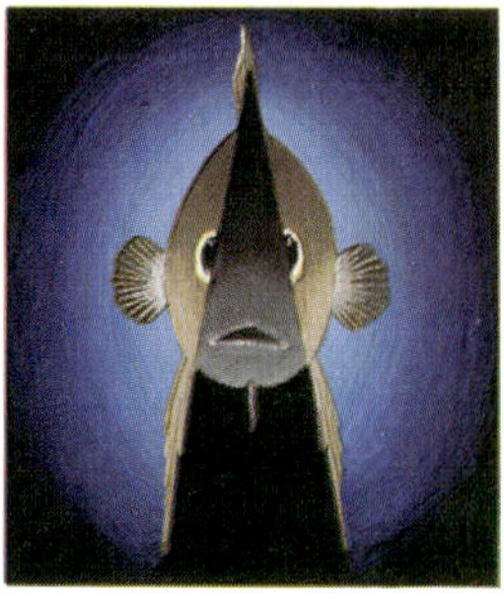

b

a. und b. Gesichtsfeld eines Fisches c. Plazierung der Augen eines bodenbewohnenden Fisches (Petermännchen) und eines Herings, der oben im Wasser lebt

in Verbindung, die den Lichtreiz in eine Nervenerregung umwandeln, die über Nervenzellen zum Gehirn weitergeleitet wird. Hier ergibt das Mosaik von Sinneseindrücken aus Tausenden von Sinneszellen das Bild dessen, was der Fisch sieht.

Da die Sicht im Wasser geringer ist als in der Luft, kann ein Fisch nur sehen, was sich in seiner unmittelbaren Nähe befindet. Dafür hat er einen guten Überblick, denn die kugelrunden Linsen ragen aus dem Kopf hervor, so daß er fast den gesamten Horizont ringsum auf einmal sehen und beobachten kann. Das ist sehr praktisch, vor allem wenn man daran denkt, daß der Fisch seinen Hals nicht wenden und sich nicht umsehen kann.

Man weiß nicht, was für ein Bild der Fisch aufnimmt, man weiß aber, daß einige Fische auf verhältnismäßig große Entfernung scharf sehen können. Ein Lachs z. B. kann einen Fisch bis zu 15 m Entfernung sich bewegen sehen und ihn in einem blitzschnellen Sprung durch das Wasser mit großer Präzision greifen.

Einen derart scharfen Blick hat der Fisch nur nach vorn, wenn er in einem kleinen Bereich mit beiden Augen gleichzeitig sieht und wenn sich die Gesichtsfelder beider Augen überlagern und dem Fisch die Möglichkeit geben, einen gewissen Sinn für Perspektive zu entwickeln und eine Form wahrzunehmen. Hier bekommt er auch ein detailliertes Bild, denn im hinteren Teil des Auges, gerade dort, wo die einfallenden Lichtstrahlen auftreffen, sind besonders viele Sinneszel-

c

d

d. Beim Rochen sitzen die Augen auf der Oberseite des Kopfes
e. Fische im tiefen Wasser haben besonders große Augen (Grenadierfisch)
f. der Gelbaal, der im flachen Wasser lebt, hat kleine Augen, der Blankaal, aus größeren Tiefen, hat große Augen

e

f

len vorhanden. Ein Fisch sieht also am deutlichsten nach vorn, seine Sehfähigkeit zur Seite ist weniger gut und nicht geeignet, Details aufzunehmen. Die Abhängigkeit der einzelnen Fische vom optischen Sinn spiegelt sich in etwa in ihrer Lebensweise wieder. Wenn die Augen für die Nahrungssuche notwendig sind, so ist es am praktischsten, am Tag aktiv zu sein, wenn Licht zum Sehen da ist. Schollen z. B. schwimmen am Tage und sehen sich nach Muscheln und anderen Nahrungstieren um. Die Seezungen dagegen schwimmen nur bei Nacht, wo sie sich auf der Suche nach Würmern über den Boden tasten.

Augenlider, große Augen und Farbensinn

Ein Fisch kann im allgemeinen seine Augen nicht schließen, denn die meisten Fische besitzen keine Augenlider. Zu den Ausnahmen gehören einige Haiarten, die eine Nickhaut besitzen, mit Hilfe derer sie, wie mit einem Augenlid, das einfallende Licht begrenzen können.
Bei Makrelen kann man im Herbst gelegentlich den Eindruck gewinnen, der Fisch könne nicht sehen: Die Makrele hat nämlich eine durchsichtige Hautfalte, die das Auge bedeckt. Wenn der Fisch im Sommer viel gefressen hat, wird in dieser Hautfalte Fett abgelagert; das Auge erscheint nun milchig und undurchsichtig und sieht wie tot aus. Dies bedeutet jedoch keineswegs, daß die Makrele nicht sehen könnte, denn in dieser Hautfalte befindet sich ein Spalt, der bei der lebendigen Makrele geöffnet ist, so daß genügend Licht ins Auge dringen kann. Es gibt jedoch einige Fische, die vollkommen blind sind. Es handelt sich hierbei um Arten, die in sehr tiefem Wasser und in unterseeischen Höhlen, also in vollständiger Finsternis leben.
Bei Fischen, die in mittleren Tiefen leben – z. B. im tiefen Skagerrak in

4–500 m Tiefe – sind die Augen oft teleskopartig vergrößert, auf diese Weise gelangt über die gewaltig vergrößerte Linse mehr Licht auf die Netzhaut. Es gibt unter den Tiefseefischen auch einige Arten, die hinter der Netzhaut eine spiegelnde Fläche besitzen, die das schwache einfallende Licht wieder reflektiert, so daß die Sehzellen zweimal erregt werden. Diese Art von Augen kommt auch bei landlebenden Raubtieren vor. Man erkennt sie daran, daß diese Augen im Dunkeln leuchten.
Eine der Veränderungen, die eintreten, wenn der Gelbaal zum Blankaal wird, ist die, daß seine Augen wesentlich größer werden. Nachdem die Aale in verhältnismäßig flachem Wasser bei reichlichem Lichteinfall gelebt haben, müssen sie nun hinunter in größere Tiefen, um den Atlantik zu durchqueren. In diesen Tiefen ist das Licht nur sehr schwach, und die Augen müssen sich nun diesen Lichtverhältnissen anpassen.
Was ein Fisch sieht, hängt davon ab, welche Art von Sinneszellen er in seinen Augen hat. Es gibt hier zwei Arten: eine, die schwaches Licht registriert und eine andere, die starkes Licht und Farben wahrnimmt. Bei den Fischen, die im tiefen Wasser leben, in dem das Licht schwach ist, sind fast alle Sinneszellen von dem Typ, der schwaches Licht auffaßt; es sind schlanke, zylinderförmige, sehr lichtempfindliche stäbchenartige Sinneszellen. Bei im flachen Wasser oder nahe der Oberfläche lebenden Fischen treten in vermehrter Zahl Sinneszellen des zweiten Typs auf – dickbauchige, kurze Zapfen mit geringer Lichtempfindlichkeit, die jedoch auch Farbsehen vermitteln können.

Sehen bei Tag und Sehen bei Nacht

Fische, die am Tag aktiv sind, sehen im allgemeinen besser als nachtaktive. Das läßt sich durch einen Vergleich der Gehirnzentren, in denen optischer Sinn und Geruchssinn lokalisiert sind, bestätigen. Einige Tagfische haben ein Geruchszentrum, das kleiner ist als ihr Sehzentrum, während die Verhältnisse bei Nachtfischen umgekehrt sind.

Seitenlinie bei verschiedenen Fischen

Schema der Seitenlinie: ein schleimgefüllter Kanal steht durch eine Reihe von Poren in offener Verbindung mit dem Wasser

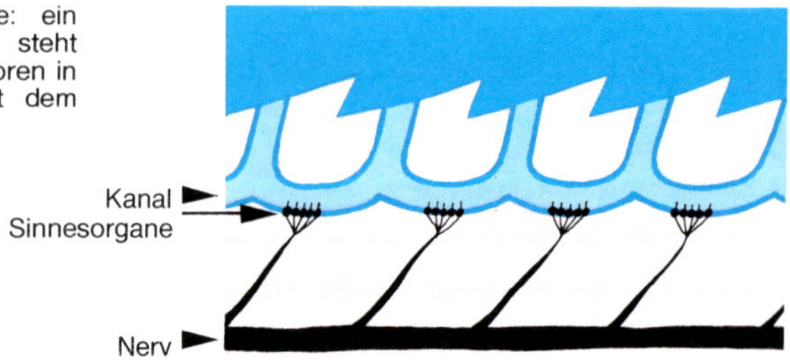

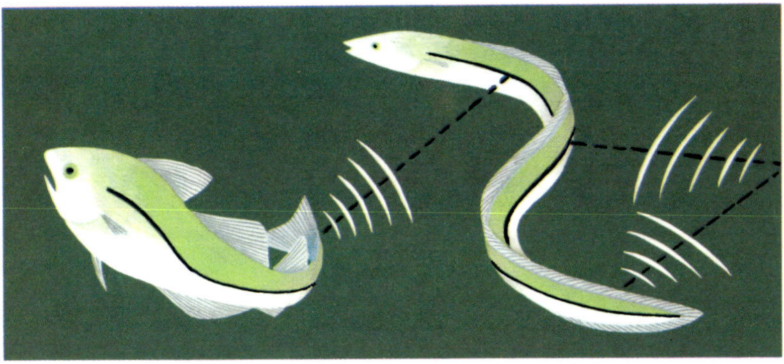

Registrierung der Wasserbewegung mit Hilfe der Seitenlinie

Fische, die in der Nacht jagen, haben fast alle schwache Augen, d. h. sie haben wenige Sehzellen von dem Typ, der schwaches Licht wahrnimmt, und noch weniger Sinneszellen, die Farben auffassen.

Der Aal, ein ausgeprägtes Nachttier, bildet eine Ausnahme dieser Regel. Zwar hat er wenig farbenregistrierende Zellen (Zapfen), doch besitzt er eine ungewöhnlich große Menge Stäbchen, etwa 3 Millionen pro Quadratmillimeter. Die Erklärung hierfür liegt darin, daß seine Augen so eingerichtet sind, daß sie auch später benutzt werden können, wenn er nämlich als Blankaal das Süßwasser verläßt und hinaus ins Meer wandert, um zu seinem Laichplatz im Sargassomeer zu gelangen.

Der sechste Sinn der Fische

Fische besitzen ein besonderes Sinnesorgan, auf das sie gemeinsam mit den Lurchen ein Privileg haben – die Seitenlinie. Sie ist als feine Linie sichtbar, die zu beiden Seiten des Körpers vom Kopf zum Schwanz verläuft.

Betrachtet man diese Seitenlinie unter dem Mikroskop, so sieht man, daß sie aus einer Reihe winzig kleiner Löcher gebildet ist. Diese Löcher führen in einen röhrenförmigen Kanal, der unmittelbar unter der Seitenlinie verläuft und der mit einer schleimigen Flüssigkeit gefüllt ist. Am Grund dieses Kanals sitzt eine Reihe von kleinen Sinneszellen, jede mit einem kleinen Stift versehen, der in den Hohlraum des Kanals ragt, jede dieser Sinneszellen ist durch einen Nerv mit dem Gehirn verbunden.

Mit diesem Organ nimmt der Fisch schwache Strömungen um sich herum wahr. Mehrere Experimente fundierten dieses Wissen:

Man dressierte z. B. blinde Fische darauf, daß sie auf einen Glasstab reagierten, den man ihnen näherte. Eine geraume Weile fütterte man sie jedesmal, wenn der Glasstab durchs Wasser gezogen wurde. Auf diese Weise lernten sie, daß die Nähe eines Gegenstandes gleichbedeutend mit Nahrung ist. Nachdem dieser „bedingte Reflex" eingeübt war, schnappte der Fisch jedesmal, wenn man den Glasstab in seine Nähe brachte, danach.

Denselben Versuch führte man auch mit Fischen durch, deren Seitenlinienorgan durch Betäubung der Nerven außer Funktion gesetzt worden war. Diese Tiere reagierten auf die Bewegung des Stabes in keiner Weise.

Der Fisch nimmt also mit Hilfe des Seitenlinienorgans schwache Strömungen im Wasser wahr. Wenn der Wasserstrom die „Löcher" der Seitenlinie trifft, setzt sich die Flüssigkeit in dem feinen Kanal darunter in Bewegung, die kleinen Sinnesstifte biegen sich unter dem Flüssigkeitsdruck, und

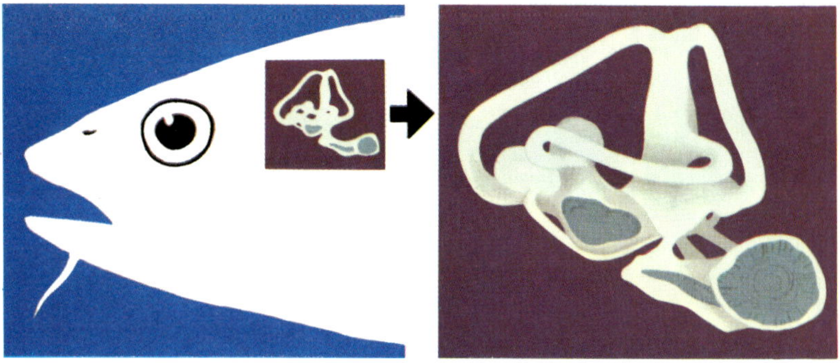

a

dieser Reiz wird über Nerven zum Gehirn geleitet.
Der Fisch benutzt das Seitenlinienorgan nicht nur zum Aufspüren und Verfolgen der Beute oder als Warnsignal vor dem Feind, er verwendet es auch als eine Art Radarsystem für kurze Strecken. Mit diesem Sinnesorgan kann er nämlich auch die Brechung der Wasserströmung, die er selbst durch seine Bewegung verursacht, wahrnehmen und sich so im Wasser auf kurze Strecken orientieren.

Navigation im Raum

Außer mit dem Seitenlinienorgan orientiert sich ein Fisch auch noch mit dem Gehörorgan und dem Gleichgewichtsorgan.
Diese beiden Orientierungshilfen sitzen im inneren Ohr des Fisches und bilden gleichsam ein einziges Sinnesorgan.
Das innere Ohr des Fisches befindet sich hinter den Augen zu beiden Seiten des Schädels. Es besteht aus drei mit Flüssigkeit (Endolymphe) gefüllten Hohlräumen: dem Utriculus mit den drei Bogengängen, dem Sacculus und dessen Ausbuchtung, der Lagena.
Der Utriculus und die drei Bogengänge stellen das Gleichgewichtsorgan dar, Sacculus und Lagena bilden das Gehörorgan.
In jedem dieser drei mit Endolymphe gefüllten Hohlräume liegt ein Ohrenstein (Otolith). Das sind kleine Kalksteine, die auf Sinneshärchen, die einen Teil der Hohlraumwand auskleiden, ruhen. Die Sinneshaare wiederum sind durch Nerven mit dem Gehirn des Fisches verbunden.
Wenn ein Fisch mit dem Rücken zuoberst und dem Bauch zuunterst still im Wasser steht, so ruhen die Otolithen auf den Sinneshaaren wie auf einem Polster, und die Schwerkraft hält sie auf ihrem Platz. Wenn der Fisch nun den Rücken zum Boden kehrt, so bewegt sich die Endolymphe in den Hohlräumen und die Ohrensteine bewegen sich mit, sie ruhen also nicht mehr auf den Sinneshärchen, sondern hängen statt dessen nahezu in ihnen, denn die Schwerkraft zieht sie zu Boden. Verändern nun die Ohrensteine ihre Lage, so üben sie einen Reiz auf die Sinneshaare aus, diese wiederum leiten den Reiz durch die Nervenbahnen zum Gehirn des Fisches. Wenn der Nervenimpuls das Gehirn erreicht, wird über andere Nervenbahnen eine Reflexbewegung in den Flossen und im Schwanz ausge-

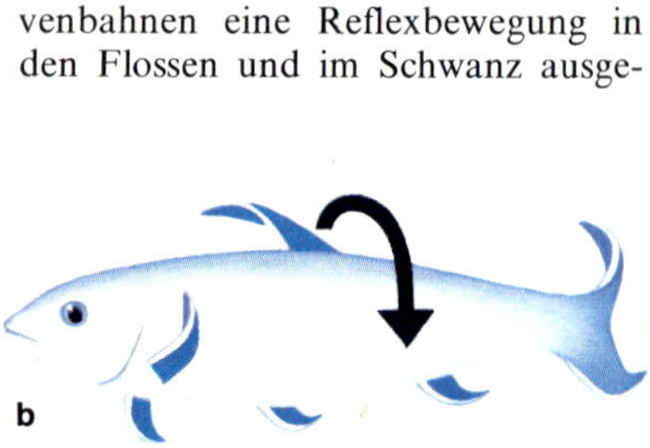

b

löst, die den Fisch veranlaßt, sich umzudrehen und seine normale Stellung im Verhältnis zur Schwerkraft wieder einzunehmen. Auch wenn der Fisch in völliger Finsternis schwimmt, so ist er Dank seines Gleichgewichts- oder Labyrinthorgans stets in der Lage zu unterscheiden, wo oben und unten ist, auch wenn die Lageverschiebung nicht immer so extrem ist, wie eben geschildert. Das Gleichgewichtsorgan reagiert schon bei der geringsten Lageänderung.

Die Ohrensteine oder Otolithen haben nicht nur für den Fisch eine große Bedeutung bei der Navigation, sie dienen auch dem Fischereibiologen zur Altersbestimmung. Betrachtet man einen solchen Ohrenstein unter dem Mikroskop, so kann man erkennen, daß er ebenso wie die Jahresringe der Bäume aus konzentrischen Ringen aufgebaut ist. Jedes Jahr werden zwei neue Ringe gebildet, ein weißlicher und sehr kalkhaltiger Ring und ein schmaler, dunkler Ring. Diese beiden Ringe entsprechen also einem Fischjahr. Durch Zählung der Ringe kann man nun feststellen, wie alt der Fisch ist.

Gerade die unterschiedliche Färbung der beiden Ringe in dunkel und hell ermöglicht eine genaue Zählung. Die Bildung dieser beiden Arten von Ringen hängt wiederum von der Temperatur bzw. den Jahreszeiten ab.

Durch Änderung der Wassertemperatur, bedingt durch die Jahreszeiten, ändert sich das Nahrungsangebot für die Fische. Es wird also einmal viel und einmal weniger gefressen. Diese Freßperioden spiegeln sich nun im Wachstum wieder und damit auch im Zuwachs der Ohrensteine.

Die breiten weißen Ringe werden gebildet, wenn der Fisch schnell wächst, das ist in der Regel im Sommer – deshalb nennt man diese hellen Ringe auch Sommerringe. Die dunklen Ringe entstehen im Winter, wenn das Wachstum stagniert.

In den Tropen, in denen das ganze Jahr die Wassertemperatur und somit auch das Nahrungsangebot konstant ist, findet man in den Otolithen der Fische keine deutlichen Ringe; es ist daher sehr schwierig, um nicht zu sagen unmöglich, das Alter tropischer Fische zu bestimmen.

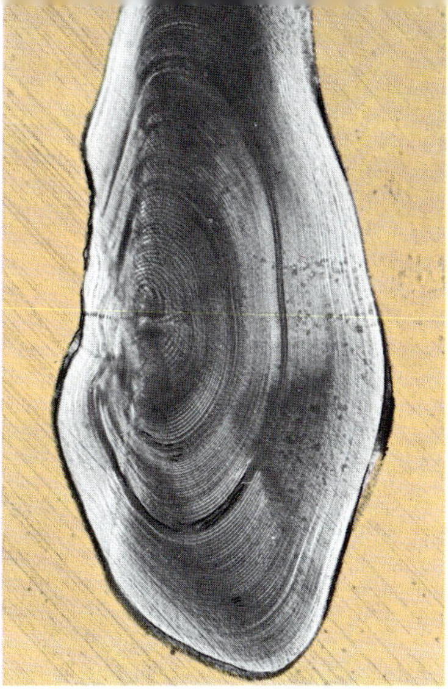

c

a. Lage des inneren Ohres der Fische
b. Bau des inneren Ohres, das zugleich Gleichgewichts- und Hörorgan ist.
c. Dünn geschliffener Ohrstein eines Kabeljaus. Man sieht deutlich die Jahresringe

Ein Leben unter Druck

Jeder, der schon einmal im Flugzeug geflogen ist, hat selbst in den drucksicheren Kabinen die Veränderung des Luftdruckes gespürt, wenn man in die Höhe steigt – der Luftdruck fällt.

Das Gegenteil ist der Fall, wenn man ins Meer taucht. Je tiefer man kommt, desto mehr steigt der Druck. Die Geschwindigkeit dieser Drucksteigerung ist im Wasser wesentlich höher, als die der Druckabnahme in der Luft. Jeden zehnten Meter, den man sich unter der Meeresoberfläche abwärts bewegt,

Lage der Schwimmblase zwischen Rücken und Eingeweide (hier beim Kabeljau, die Schwimmblase ist bei diesem Fisch weiß)

steigt der Druck um eine Atmosphäre. Das heißt also, daß in 50 m Tiefe der Druck fünfmal so groß ist wie an der Wasseroberfläche.

Dennoch lebt eine große Menge von Fischen im Tiefmeer in 4 – 5 km Tiefe, ja man hat sogar schon in einer Tiefe von 8 km Fische gefangen. Wie halten diese Tiere aber diesen großen Druck aus? Die Ursache dafür, daß die Fische nicht platt gedrückt werden, liegt vornehmlich darin, daß die Fische selbst zum größten Teil aus Wasser bestehen, und Wasser läßt sich im Gegensatz zu Luft nur wenig zusammendrücken. Die Fische halten in ihrem Gewebe einen Druck von derselben Größe aufrecht, wie er von außen auf sie einwirkt. Holt man einen solchen Fisch an die Oberfläche, so fällt der Druck auf den Organismus, und das Wasser im Fisch dehnt sich aus. Bei einem Druckgefälle von 500 auf 1 Atmosphäre beträgt diese Ausdehnung ca. 2%. Das reicht meist nicht aus, um das Gewebe zu sprengen, und man kann fast unbeschadet Fische aus großen Tiefen heraufholen. Ganz anders verhält es sich jedoch bei Fischen, die eine Schwimmblase besitzen:

Die Schwimmblase ist eine mit einem Gasgemisch (Sauerstoff, Stickstoff, Kohlendioxid) gefüllte Bindegewebsblase, die über dem Darm liegt, und die dazu dient, das spezifische Gewicht des Fisches zu regulieren. Ein Fisch an sich ist schwerer als Wasser und würde daher ohne Schwimmblase im freien Wasser absinken. Die Gasfüllung der Schwimmblase wird durch eine Gasdrüse und durch gasaufsaugende Stellen in der Schwimmblasenwand so reguliert, daß der Fisch sich schwebend im Wasser halten kann. Man nennt daher die Schwimmblase auch Schwebeorgan.

Rotbarsch mit herausgepreßter Schwimmblase durch zu schnelles Emporziehen des Fisches aus großen Tiefen.

Wenn ein Fisch langsam nach oben zur Oberfläche steigt, dehnt sich die Luft, die nun vom Druck erleichtert wird, mehr und mehr aus. Diese überschüssige Luft, die in der Hauptsache aus Sauerstoff und Kohlendioxid besteht, wird vom Blut der Fische aufgenommen und absorbiert. Ist der Fisch an einem Haken oder in einem Netz gefangen, und wird er zu schnell aus großen Tiefen emporgezogen, kann er die Luft, die sich ständig ausdehnt, nicht schnell genug mit dem Blut aufnehmen, die Schwimmblase schwillt daher an und preßt dem Fisch Magen und Darm aus dem Maul und die Augen aus dem Kopf (s. Abb. S. 110).

Einzelne Fische, z. B. die Heringsfische, können die Luft durch einen schmalen Kanal, der in den Darm einmündet, direkt von der Schwimmblase ins Wasser ablassen.

Diesen Umstand nutzen die Sardinen- und Heringsfischer im Mittelmeer aus – sie können am „Gebrause" erkennen, wo ein Fischschwarm zur Oberfläche unterwegs ist.

Nicht alle Fische besitzen eine Schwimmblase. Die meisten Tiefseefische und viele Grundfische, wie z. B. die Schollen, die ständig am Boden leben und sich nicht dauernd im Wasser auf und ab bewegen, um Nahrung zu suchen, können auf eine druckausgleichende Schwebevorrichtung verzichten.

Doch auch Fische, die weit über dem Meeresboden schwimmen, haben zum Teil keine Schwimmblase. Das hat den Vorteil, daß sie sich im Wasser schnell auf und ab bewegen können, ohne daß sie die Druckveränderungen in einer luftgefüllten Blase berücksichtigen brauchen. Dafür müssen diese Fische aber ständig unterwegs sein, denn wenn sie nicht schwimmen, sinken sie sofort ab.

Fische mit Ohren und Stimme

Die Laute, die wir wahrnehmen, pflanzen sich vom Trommelfell über eine Serie von kleinen Gehörknöchelchen (Hammer, Amboß, Steigbügel) bis zum schallaufnehmenden Teil im inneren Ohr fort. Die meisten Fische besitzen keinen solchen schalleitenden Mechanismus, da im Wasser die Schallwellen besser geleitet werden als in der Luft. Dennoch findet man unter den Fischen wieder einige Arten, bei denen die Töne nicht direkt auf das Gehörorgan übertragen werden. Diese Tiere besitzen eine Verbindung über Gehörknöchelchen zwischen Schwimmblase und innerem Ohr. Die mit Luft gefüllte Schwimmblase wird von den Schallwellen im Wasser ange-

Makrelen und Plattfische haben keine Schwimmblase. Knurrhähne können mit Hilfe der Schwimmblase Töne erzeugen

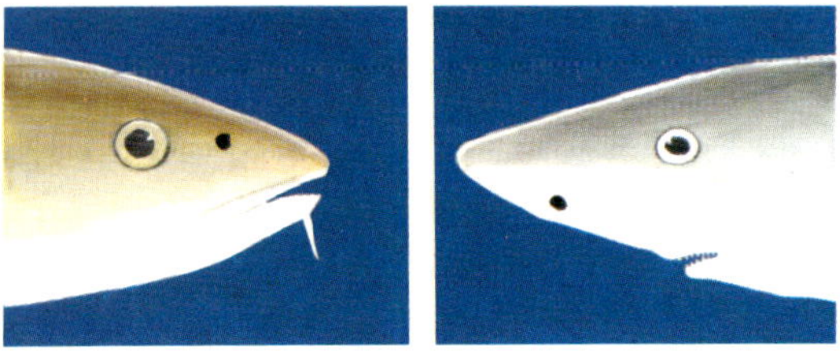

Sitz der Nasenöffnungen beim Fisch. Bei den meisten Fischen sitzen die Nasenöffnungen an der Oberseite des Kopfes, beim Hai sitzen sie an der Unterseite

regt und beginnt zu vibrieren – sie wirkt wie ein Resonanzboden, der die Schwingungen verstärkt, die sich dann über Gehörknöchelchen zum inneren Ohr des Fisches fortpflanzen.

Viele Jahre hielt man die Fische für taub – doch sie sind es nicht. Ihr Gehörsinn ist nicht sehr gut entwickelt, doch haben Dressurversuche gezeigt, daß eine ganze Reihe von Fischen in der Lage ist, Geräusche wahrzunehmen.

Können die Fische hören, so ist die Annahme naheliegend, daß sie auch etwas sagen können. Das Sprichwort „Stumm wie ein Fisch" stimmt nämlich nicht. Man kennt heute mehrere hundert Arten, die Geräusche hervorbringen können. Erst während des zweiten Weltkrieges hat man ernsthaft damit begonnen, Fischlaute zu studieren. Als man nämlich nach feindlichen U-Booten horchte, entdeckte man im Meer zahlreiche Geräusche. Man versuchte diese Laute zu identifizieren und stellte in vielen Fällen fest, daß sie von Fischen stammten.

Wie aber können die Fische etwas sagen, bzw. Töne erzeugen? Sie haben ja keine Lungen, und sie haben keine Stimmbänder.

Die meisten der lauterzeugenden Fische benutzen die Schwimmblase als eine Art Trommel. Einer der verbreitesten Fische in der Nordsee, der Knurrhahn, trommelt mit einigen besonderen Muskeln auf die Seite der Schwimmblase. Andere Fische trommeln mit den Brustflossen. Dann gibt es auch noch Fische, die nicht trommeln, sondern grunzen, indem sie ihre Zähne gegen den Rachen reiben.

Über die Funktion dieser Geräuschbildung weiß man noch nicht allzuviel. Man konnte jedoch beobachten, daß Fische unter bestimmten Umständen charakteristische Geräusche aussenden, z. B. wenn sie gestört werden. Mit Sicherheit weiß man, daß Fische im Zusammenhang mit ihrem Sexualverhalten Geräusche von sich geben. Eine Seeskorpion-Art, bei der das Männchen ebenso wie unsere heimischen Stichlinge ein Nest aus Wasserpflanzen baut, stellt sich vor den Eingang des Nestes und stößt Knurrlaute aus. Wenn die in der Nähe befindlichen Weibchen diese Geräusche wahrnehmen, eilen sie zu dem Männchen und legen ihre Eier in das Nest ab. Man hat diese Knurrlaute auf Band aufgenommen und sie imitiert. Dabei zeigte sich, daß die Weibchen reagierten, obwohl nur der Rhythmus dieser Laute stimmte, die Frequenz jedoch nicht.

Geruchssinn

Die Hörfähigkeit der Fische ist gering, ihre Sehfähigkeit begrenzt, dafür haben aber die meisten Fische einen besonders gut entwickelten Geruchssinn, der sie in die Lage versetzt, selbst kleinste Mengen der verschiedenen im Wasser gelösten Stoffe wahrzunehmen. Hierbei kann es sich um Stoffe handeln, die von anderen Fischen abgesondert werden, wie z. B. Lock- oder Schreckstoffe. Es kann sich aber

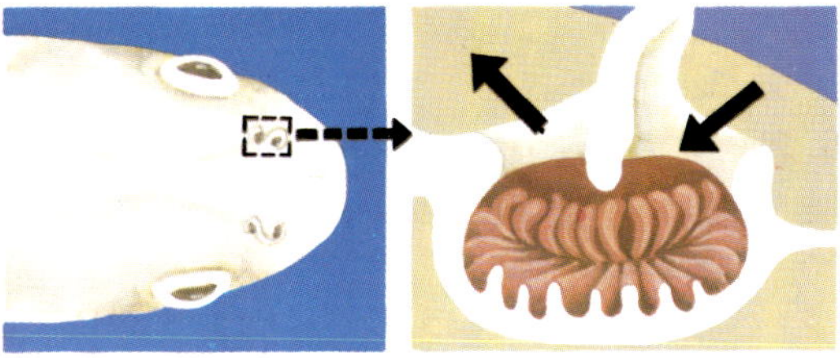

Nasenöffnung des Fisches im Nahbild. Die Geruchszellen liegen in den stark gefalteten Seiten.

auch um den Geruch der Nahrungstiere oder der Pflanzen oder gar des Meeresbodens handeln.
Bei den meisten Fischen befinden sich die Nasenöffnungen auf der Oberseite des Kopfes, eine Ausnahme bilden die Knorpelfische, bei denen die Nasenöffnungen an der Unterseite des Kopfes liegen (s. Abb.). Auf jeder Seite vor den Augen befindet sich eine Nasenöffnung, die durch eine Hautfalte in einen vorderen und einen hinteren Teil getrennt ist. Diese Öffnungen führen in eine Nasengrube, die sogenannte Riechgrube, in der die Sinneszellen sitzen. Die kurzen, reizaufnehmenden Riechhärchen sind in Schleim eingebettet, die Riechschleimhaut ist zur Oberflächenvergrößerung oft sehr stark gefältelt, dadurch wird ein besseres Riechen ermöglicht (s. Abb.). Das Wasser strömt zur vorderen Nasenöffnung herein und zur hinteren wieder hinaus, dabei passiert es die Riechzellen. Von diesen gehen einige sehr kräftige Nerven zum Riechzentrum des Gehirns, in dem die Geruchseindrücke aufgefaßt und weiter verarbeitet werden.
Es ist nicht leicht in Erfahrung zu bringen, was ein Fisch riecht. Experimente und Beobachtungen haben jedoch schon einiges über den Geruchssinn der Fische erkundet.
Die Haie werden für die besten „Spürhunde“ des Meeres gehalten. Sie können Blut auf weite Entfernung riechen, jedoch nur unter der Voraussetzung, daß die Strömung den Geruch in ihre Richtung trägt. Man hat gesehen, wie Haie in 30–40 m Entfernung vor einem toten Fisch hin und her kreuzen und sich gleichsam an ihn heranpeilen. Daß sie sich wirklich vorwärts „riechen“, hat man experimentell nachgewiesen, indem man die Nasenöffnungen eines Haies mit wasserundurchlässiger Watte verstopfte – er gibt die Suche nach der Beute sofort auf. Wenn nur eine Nasenöffnung zugestopft ist, wendet es sich nur zur einen Seite und verliert schnell die Spur. Spürt der Hai seiner Beute nach, so steuert er nach der größten Konzentration des Duftstoffes, dabei versetzt ihn der Unterschied zwischen der Stärke der Geruchseindrücke, die er mit jeweils der rechten oder linken Nasenöffnung wahrnimmt, in die Lage, die Spur zu verfolgen.
Nicht alle Fische riechen gleich gut. Die ausgeprägten Sehfische müssen ihre Beute zuerst sehen, ehe sie reagieren.
Zu den am besten riechenden Fischen gehört der Aal, der eine ganz einmalige Fähigkeit besitzt, kleinste Konzentrationen chemischer Stoffe im Wasser wahrzunehmen. Ein bis zwei Moleküle eines Stoffes in jeder Nasenöffnung reichen aus, um ihn reagieren zu lassen. Dies ist vergleichsweise ein Fingerhut voll des Stoffes, aufgelöst in einem See von einer Fläche von einigen Hektar.
Der berühmte Verhaltensforscher Karl von Frisch hat gezeigt, daß Fische in ihrer Haut sogenannte „Schreckstoffe“ haben, auf die Tiere derselben Art sehr heftig reagieren, während andere Arten überhaupt nicht darauf reagieren. Setzt man einen verletzten Fisch in einen Schwarm seiner Artgenossen, so löst sich der Schwarm innerhalb einer Mi-

nute auf. Durch die Verletzung wurden die „Schreckstoffe“ aus der Haut frei und machten die anderen Fische darauf aufmerksam, daß Gefahr im Anzug ist. Das Riechen dieses Stoffs löste automatisch eine Fluchtreaktion aus.

Geschmackssinn

Ebenso wie der Geruchssinn ist auch der Geschmackssinn ein chemischer Sinn. Mit Hilfe dieser beiden Sinne wird die Umgebung, die Nahrung, die Atemluft und das Wasser chemisch überprüft. Obgleich beide Sinne im Prinzip auf dieselbe Weise funktionieren, ist der Geschmackssinn doch ein „gröberer“ Sinn, für den eine große Dosis des zu schmeckenden Stoffes notwendig ist, ehe er reagiert. Der Geschmackssinn unterscheidet nicht sehr fein.

Ein Fisch kann genauso wie ein Landtier eine Beute auf Abstand riechen und die Fährte verfolgen, da jedes Tier einen eigenen charakteristischen Stoff absondert. Der Geschmackssinn dagegen kann nur benutzt werden, wenn der zu schmeckende Stoff dem Fisch direkt unter der Nase liegt.

Bei den landbewohnenden Wirbeltieren ist der Geschmackssinn im Maul und auf der Zunge lokalisiert. Bei den Fischen sitzen nicht nur im Maul Geschmacksknospen, sondern er schmeckt auch mit den Lippen und den Barteln. Viele Fische haben auch Geschmackssinneszellen in der Haut ringsum auf dem Körper.

Der Kabeljau hat sogar an den Flossen Geschmacksknospen. In erster Linie schmeckt er aber mit dem kleinen Faden, den er unter dem Kinn trägt, der Bartel.

Es gibt viele Fische mit Bartfäden. Einer der kleineren Verwandten des Kabeljaus, der Franzosendorsch, hat im Dänischen nach seinem langen Kinnfaden den Namen „Bartdorsch“ bekommen. Diese Fische benutzen die Bartel, um die Nahrung damit zu schmecken. Wenn sie unten auf dem Grund schwimmen, können sie mit dem langen Kinnfaden schmecken, ob die Muscheln oder Würmer, die sie gefunden haben, für sie eßbar sind oder nicht.

Fisch, Fischerei und ökologisches Gleichgewicht

Bis vor wenigen Jahren war der größte Teil der Erdoberfläche, das Meer, unberührte Natur. Von der Küste oder von einem Schiff aus gesehen, ist es eine endlose, scheinbar unfruchtbare Fläche, über der einige Vögel kreisen. In Wirklichkeit aber ist dieser ungeheuer große Raum, der sich unter dieser scheinbar leblosen Fläche verbirgt, der Meeresboden, ein bedeutender Teil dessen, was wir Biosphäre nennen. Hier gibt es eine Vielfalt von Pflanzen und Tieren, die bisher im großen und ganzen vor dem Menschen in Ruhe leben konnten, dem Menschen, der sich immer schneller über das Festland verbreitet und mit Städten und bebauten Flächen immer größere Teile der unberührten Natur verdrängt. Je mehr Menschen wir werden, desto mehr müssen wir die Natur verdrängen, zerstören und verändern, um Platz und Nahrung zu bekommen. Die Menschen haben das Meer zu allen Zeiten benutzt, sie haben das Meer mit Schiffen befahren und darin gefischt. Bisher haben aber Tiere und Pflanzen des Meeres leben können, ohne daß der Mensch es vermocht hat, ihre Lebensweise und ihre Artzusam-

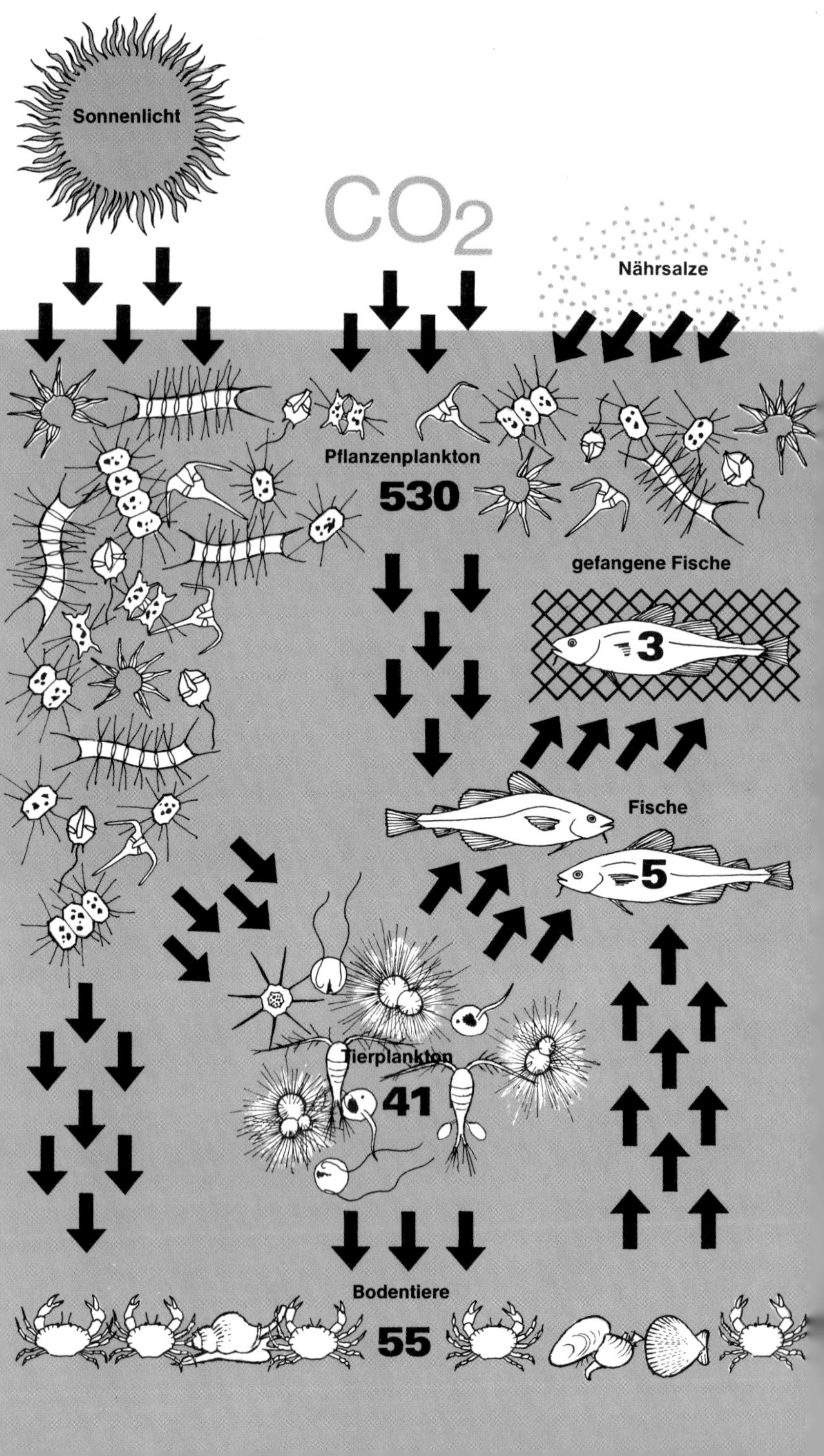
Sonnenlicht
CO_2
Nährsalze
Pflanzenplankton
530
gefangene Fische
3
Fische
5
Tierplankton
41
Bodentiere
55

Links: Produktion von Tieren und Pflanzen der Nordsee (1970), in Millionen Tonnen angegeben

mensetzung wesentlich zu verändern – etwa wie auf dem Festland.
Die Tiere und Pflanzen, die wir aus dem Meer geholt haben, wurden auf dieselbe Weise gejagt und gefangen, wie unsere Vorväter sie jagten und fingen, zu einer Zeit, als man den Menschen noch als einen natürlichen Teil der Natur zu bezeichnen konnte. Die relativ kleine Zahl der Menschen, die im Meer fischten, hat nur einen geringen Teil des riesigen Überschusses von Organismen ernten können, der ständig im Meer produziert wird. Die Schiffahrt hat im Milieu des Meeres kaum Spuren hinterlassen können, und die Abfallprodukte, die die Menschen in die Flüsse geleitet haben und die auf diese Weise ins Meer gelangten, wurden geschluckt, abgebaut und von den riesigen biologischen, physikalischen und chemischen Kräften des Meeres umgewandelt.
So ist es bis vor wenigen Jahrzehnten gewesen – nun ist es aber anders. Die wachsende Zahl der Menschen und die Steigerung der Industrie haben bewirkt, daß die Tiere des Meeres, vor allem die Wale und Fische, Ziel einer ständigen Ausnutzung wurden. Gleichzeitig wurden durch größere menschliche Aktivität auf dem Festland riesige Mengen von Abfall produziert. Abfall ist etwas, was man gerne so weit wie möglich von seinem Wohnort entfernt haben möchte, daher war es naheliegend, ihn in den dunklen Raum unter der Meeresoberfläche zu werfen oder zu schütten, wohin kein Mensch kommt, und somit niemand ihn sehen kann.

Eingriffe in das Ökosystem des Meeres

Jenes Gleichgewicht, das bislang zwischen Tieren und Pflanzen des Meeres und ihrem Milieu geherrscht hat, das Gleichgewicht, das wir Ökosystem nennen, wird jetzt in immer zahlreicheren Gebieten gestört.
Die Fischerei der 60er und 70er Jahre, deren Kapazität in einer steil ansteigenden Kurve wuchs, hat große Fischbestände nahezu ausgerottet und ist für andere heute eine ernste Bedrohung.
Das hat zu einer verstärkten internationalen Aktivität geführt: es wurde versucht, diese Entwicklung aufzuhalten und einen Raubbau zu stoppen, der für die Ausnutzung des Meeres ebenso katastrophale Folgen haben kann, wie man sie auf dem Festland mehrfach erlebt hat.
Es ist nicht möglich, in einem einzelnen Teil der Natur größere Eingriffe vorzunehmen, ohne gleichzeitig andere Teile in Mitleidenschaft zu ziehen, denn das ganze System der Natur ist in Kreisläufen gekoppelt. Die Fische in der Nordsee z. B. existieren nicht isoliert, sie sind ein Teil des ökologischen Systems und können nur im Zusammenspiel mit anderen Teilen dieses ökologischen Systems leben, dessen verschiedene Elemente an Tieren, Pflanzen und Nährsalzen ihnen Nahrung und Fortpflanzung ermöglichen. Man kann auch sagen, daß sie alle ein Glied in einem System von Nahrungsketten oder Nahrungspyramiden darstellen.
Die Grundlage für das Leben im Meer wie auf dem Festland ist die Pflanzenproduktion. Durch Einfluß des Sonnenlichtes bilden sich Milliarden von mikroskopischen Algen, die im Meer zu finden sind, organischer Stoff – Pflanzenplankton. Diese Grundproduktion von Pflanzenplankton ist ausschlaggebend dafür, daß viele Fische in einem Seegebiet leben können. Die Planktonproduktion wiederum ist abhängig von der Menge

Verteilung der Pflanzenproduktion im Meer. Sie ist klein in den tropischen Teilen des Ozeans (helle Farbe) und groß an den Küsten der temperierten und arktischen Meere, wo besondere Strömungsverhältnisse eine große Zufuhr von Nährsalzen zur Oberfläche bringen (Westküste Afrikas)

der Nährsalze im Wasser, von der Vermischung der Wassermassen und vom Wechsel der Lichtmenge im Laufe des Jahres. In der Nordsee sind die Produktionsbedingungen besonders gut. Dieses Meer gehört zu den fruchtbaren Gebieten, während große Teile der offenen Ozeane geradezu als Wüsten angesehen werden müssen.
Die große Produktion an Pflanzenplankton bietet die Grundlage für ein reiches Tierleben sowohl auf dem Meeresboden als auch im Wasser. Damit sind gute Ernährungsmöglichkeiten für die Fische in allen ihren Lebensstadien gegeben und so auch die Basis für große Fischbestände. An wenigen Orten der Welt hat man so dichte Fischbestände wie in der Nordsee, an wenigen Orten wird daher derart intensiv gefischt.

Die Fischerei bedroht die Fischbestände

Der Fischfang in der Nordsee ist seit Ende des Zweiten Weltkrieges ununterbrochen angewachsen. Seit Beginn der 70er Jahre steigert er sich nicht mehr, der jährliche Fang liegt nun bei 4 Millionen Tonnen. Diese „Stabilisierung" der Fischerei ist jedoch nur scheinbar, denn in Wirklichkeit wurden die Fischbestände der Nordsee während der letzten 10–15 Jahre derart ausgebeutet und derart intensiv befischt, daß das Gleichgewicht, das ursprünglich zwischen den einzelnen Fischarten vorhanden gewesen war, nun in einem solchen Grad verschoben ist, daß sich das Ökosystem der gesamten Nordsee in einer radikalen Änderung befindet.

Vor 1950 wurden ausschließlich Speisefische gefischt – Scholle, Hering, Kabeljau, Schellfisch, Seezunge und Makrele waren einige der wichtigsten Fische für die Fischerei. Heute besteht mehr als die Hälfte des Fangs aus kleinen Fischen für die Fischmehlindustrie. Hierzu gehören vor allem Sprotte, Stintdorsch und Sandspierling. In den letzten 20 Jahren wurde überaus viel gefischt, speziell im nordatlantischen Bereich, in dem die meisten Industrieländer der Welt ihre Fangplätze haben. Das Resultat hieraus war, daß mehrere Bestände an Fischen und Krebstieren, die in der ersten Hälfte des Jahrhunderts die wesentlichste Grundlage für den Fischfang bildeten, bedeutend reduziert wurden, in manchen Fällen auf weniger als 1/10 ihrer ursprünglichen Größe. Dies trifft z. B. für den Hering zu. Das Ergebnis dieser Entwicklung ist ein wachsendes Mißverhältnis zwischen den Investitionen in die Fischerei, der Größe und Effektivität der Fischereiflotte einerseits und den zur Verfügung stehenden Fischbeständen andererseits. Die Wachstumskurven für den Einsatz der Fischerei sind gegenüber den Fischreserven ständig gestiegen, und bis vor wenigen Jahren stiegen auch die Kurven, die die Anlandungen in Kilo und Tonnen zeigten.

Die Erkenntnis, daß wir nicht fortgesetzt und unbegrenzt die Bestände der Natur anzapfen können, sondern daß es eine Grenze dieser Ausbeutung gibt, hat sich, was die Reserven des Meeres betrifft, in den letzten 10 Jahren immer stärker durchgesetzt.

Die Fangkurven der Fischerei steigen nicht mehr wie früher und beginnen allmählich nach unten zu gehen – dieselbe Tendenz haben aber auch die Kurven, die die Größe der Reserve anzeigen, was nicht übersehen werden sollte.

Jährlicher Fischfang der wichtigsten Fischarten

	Hering	Sprotte	Makrele	Kabeljau	Schellfisch	Wittling	Scholle	Seezunge
1966	**895**	**113**	**530**	**220**	**269**	**158**	**100**	**31**
1967	**696**	**71**	**930**	**253**	**167**	**92**	**109**	**33**
1968	**718**	**72**	**822**	**286**	**139**	**145**	**112**	**33**
1969	**547**	**70**	**739**	**199**	**639**	**216**	**122**	**28**
1970	**563**	**63**	**322**	**224**	**672**	**182**	**130**	**20**
1971	**520**	**86**	**243**	**320**	**258**	**112**	**114**	**24**
1972	**497**	**108**	**188**	**346**	**213**	**109**	**123**	**21**
1973	**484**	**262**	**326**	**235**	**196**	**143**	**130**	**19**
1974	**275**	**313**	**298**	**210**	**193**	**188**	**113**	**18**
1975	**303**	**635**	**280**	**177**	**198**	**148**	**110**	**17**

Fangquoten der wichtigsten Fischarten von 1975 aus der Nordsee

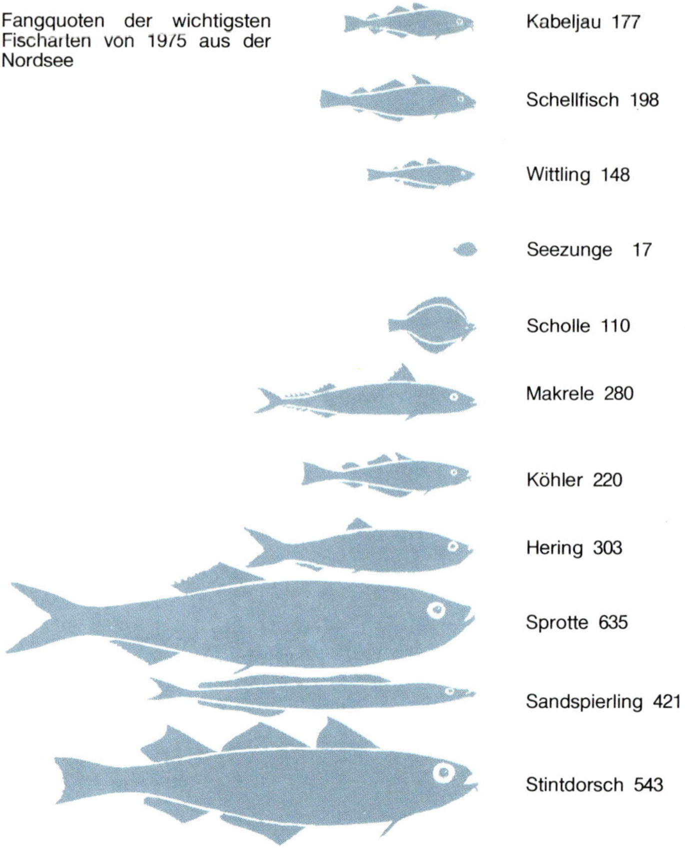

Der Hering verschwindet

Mitte der 60er Jahre erreichte der Heringsfang in der Norwegischen See, nördlich der Nordsee, fast 2 Millionen Tonnen. Danach sank er in wenigen Jahren auf weniger als ein Hundertstel dieser Zahl. Die Bestände waren ganz einfach überfischt worden. Die Heringsflotte wurde nun zur Makrelen- und Heringsfischerei in der Nordsee eingesetzt. Die Erträge des Makrelenfangs stiegen in wenigen Jahren von 100 000 Tonnen auf 1 Million Tonnen, der Bestand wurde damit auf etwa 20% seiner ursprünglichen Größe reduziert. Erst jetzt beschloß man, den Einsatz der Fischerei gegen die Makrele zu bremsen. Die Fangerträge beim Hering stiegen in der Nordsee auf über eine Million Tonnen. Seit dieser Zeit sind sie jedoch ständig gesunken und waren Mitte der 70er Jahre bei etwa 200 000 Tonnen im Jahr angelangt. Als der Hering in der Nordsee seltener und die Makrelenfischerei beschränkt wurde, zog ein Teil der Fischereiflotte in die Barentsee, in der man nach Lodden zu fischen begann. Diese Fischerei erreichte schnell einen jährlichen Ertrag von fast 2 Millionen Tonnen.
Die überfischten Heringsbestände in der Norwegischen See haben bis Mitte der 70er Jahre noch kein Anzeichen des Wiederaufbaus gezeigt. Die Makrelenbestände vergrößern sich langsam wieder, der Heringsbestand in der

Nordsee wird jedoch immer kleiner. 1975 gab es weniger als 10% erwachsene Heringe als zu Beginn der 60er Jahre. Der Bestand konnte sich bisher nicht wieder aufbauen, u. a. weil noch immer kleine Heringe in riesigen Mengen, vor allem für industrielle Zwecke, gefangen werden. Gegen Mitte der 70er Jahre begann für die Industrie die Sprottenfischerei, hier stiegen die Fangergebnisse von Jahr zu Jahr von etwa 100 000 Tonnen bis auf mehr als 600 000 Tonnen jährlich. Eine entsprechende Entwicklung konnte man bei der Seezungenfischerei in der Nordsee beobachten. Auf diese Fischerei haben sich die holländischen Fischer spezialisiert. Die Fangkapazität wurde mehr als verzehnfacht, bis der Bestand an Seezungen eine weitere Steigerung der Fischerei nicht mehr bewältigen konnte.

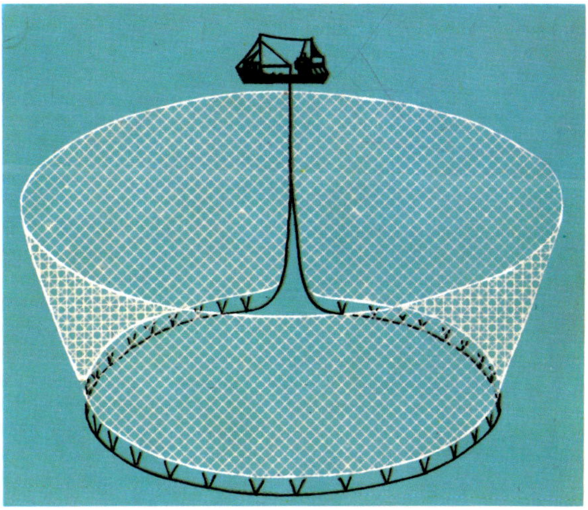

Ringwade

Schleppnetz

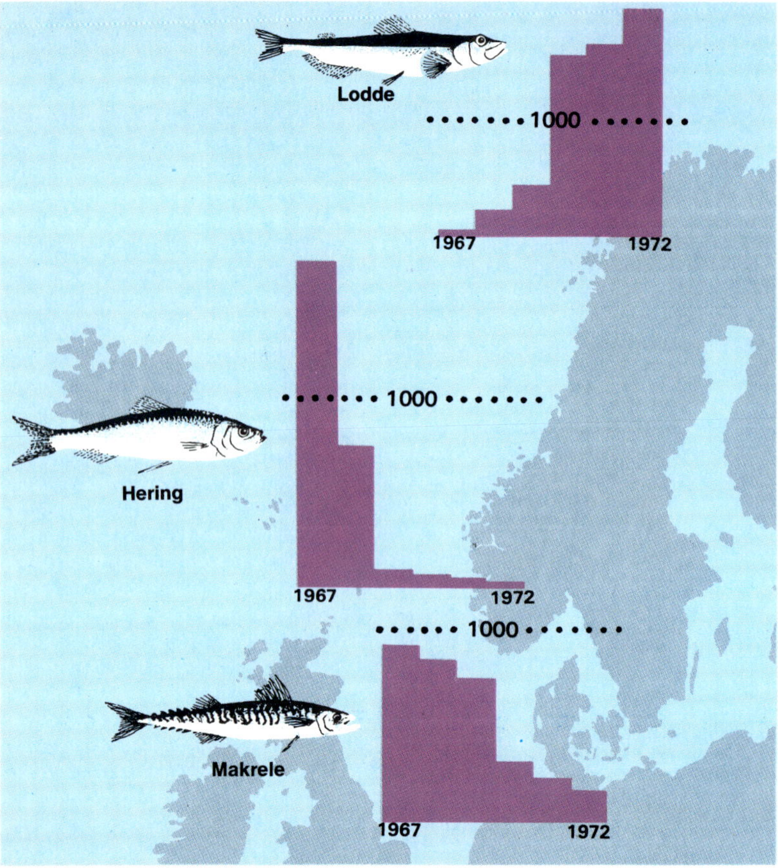

Fang von Heringen im Norwegischen Meer, Makrelen in der Nordsee und Lodden in der Barentsee von 1967 – 1972 (in 1000 Tonnen angegeben). Die Fangkurven zeigen, wie der Fischereieinsatz von einem Bestand zum andern zog

Rationierung der Fische

Diese Beispiele illustrieren sehr deutlich, daß man mit der Fangkapazität, die heute zur Verfügung steht, d. h. mit der Größe der Fischereiflotte, einen Fischbestand sehr rasch überfischen kann. Bisher hat man in solchen Fällen zu anderen Beständen übergehen können, jedoch hört auch diese Möglichkeit einmal auf. In der Nordsee gibt es keine Bestände mehr, die eine intensivere Befischung ertragen können. Die Nordatlantische Fischereikommission, die die internationalen Regeln zur Regulierung der Fischerei festlegt, hat nun auch eine Rationierung der meisten der wichtigsten Fischarten in Form eines Quotierungssystems eingeführt.
Jedes Land bekommt nun jährlich eine Quote für jede Fischart zugeteilt. Hiermit ist eine Möglichkeit gegeben, den Raubbau in der Fischerei, wie er in den letzten Jahren betrieben wurde, einzudämmen.
Man versucht nun die Fischerei in einem Muster, wie man es zu Beginn

der 70er Jahre hatte, festzulegen. Zu diesem Zeitpunkt waren aber schon wesentliche Verschiebungen in den Fischbeständen erfolgt, die zum Teil auf den starken Fischereieinsatz für industrielle Zwecke zurückzuführen waren. Ursprünglich war diese Fischerei auf Heringe ausgerichtet, allmählich waren aber die Heringsbestände überfischt, und so begann man die Fischerei auf Sandspierlinge und Stintdorsche zu erhöhen, Mitte der 70er Jahre erfolgte dann eine große Steigerung in der Sprottenfischerei. Diese drei Fischarten wurden nur zu industriellen Zwecken gefischt, nicht als Speisefische. Eine unmittelbare Veranlassung, die Fischerei auf diese Arten zu bremsen oder gar einzustellen, besteht im Augenblick nicht.

Diese Fische können jedoch nur mit Geräten gefangen werden, deren Netze kleinmaschig sind. Das ist nach internationalen Regeln völlig gesetzlich.

Konsumfische, wie z. B. Kabeljau, Schellfisch und Scholle dürfen dagegen nur mit Netzen gefangen werden, deren Maschen vier- bis fünfmal so groß sind. Diese Regeln hat man aufgestellt, um die Jungfische zu schützen, die durch solch große Maschen wieder hindurchgehen und daher nicht angelandet werden können.

Es läßt sich aber nicht vermeiden, daß einiger dieser Jungfische von den kleinmaschigen Geräten gefangen werden. Das gilt z. B. für die Dorschfische, Kabeljau, Schellfisch und Wittling, weniger für Plattfische. Leider betrifft es auch den Hering stark, den man nun so gut wie möglich zu beschützen versucht. Aus diesem Grunde wünschen diejenigen Nordseeländer, die keine Industriefischerei betreiben – und das sind die meisten –, eine Begrenzung der Industriefischerei. Dies hat bei den Verhandlungen der internationalen Fischereikommissionen über eine Regulierung der Fischerei zu sehr schwierigen und fast unlösbaren Problemen geführt.

Beispiele der Verteilung der Fischereiquoten verschiedener Länder, die in der Nordsee fischen.

Fischereiquoten 1976 (in 1000 Tonnen angegeben)	Scholle	Seezunge	Kabeljau	Schellfisch	Wittling
Belgien	**4700**	**1200**	**14500**	**2250**	**3700**
Dänemark	**24200**	**600**	**44500**	**41250**	**74000**
Frankreich	**2100**	**350**	**16500**	**7500**	**27000**
DDR			**1000**	**150**	**500**
Bundesrepublik	**4700**	**500**	**24500**	**4875**	**2800**
Holland	**35600**	**9200**	**26000**	**10500**	**14000**
Norwegen			**5000**	**7500**	**11800**
Polen			**3000**	**1125**	
Schweden			**8800**	**4650**	**1900**
England – Schottland	**27800**	**600**	**84000**	**79500**	**44000**
UDSSR			**6400**	**45000**	**7000**
andere	**850**	**50**	**1800**	**1950**	**2300**
Zusammen	**99950**	**12500**	**236000**	**206250**	**189000**

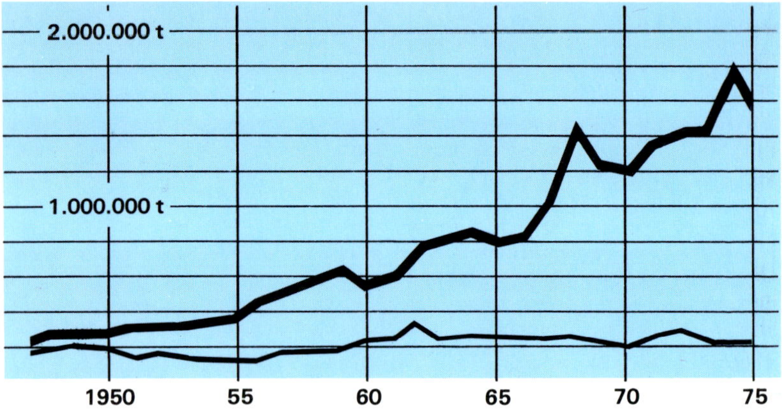

Die Kurve zeigt die Entwicklung der Industriefischerei Dänemarks (obere Kurve). Der Fang der Konsumfische blieb während dieser 25 Jahre fast gleich (untere Kurve)

Das ökologische Gleichgewicht verschiebt sich

Das Problem der Verschiebung des ökologischen Gleichgewichtes liegt aber nicht nur in der Überfischung.

Der Bestand an Stintdorschen, den es in der nördlichen Nordsee gibt, und der zu Beginn der 70er Jahre einen Fang von 400 000 Tonnen jährlich ergab, ist im selben Umfang gestiegen, wie der Makrelenbestand in der nördlichen Nordsee abnahm. Es scheint also einen Zusammenhang zwischen diesen beiden Fischbeständen zu geben.

Die Reduzierung des Makrelenbestandes auf etwa ein Fünftel seiner ursprünglichen Größe hat möglicherweise bedeutet, daß die Gesamtmenge an Stintdorschlarven, die sonst von Makrelen gefressen werden, vergrößert wurde und der Bestand an Stintdorschen daher gewachsen ist. Nun hat man die Makrelenfischerei mit Restriktionen belegt, um diesen Bestand wieder aufzubauen. Dies würde bedeuten, daß der Stintdorschbestand wieder zunehmen würde.

In gleicher Weise ist der Bestand an Sprotten kolossal gewachsen, seitdem die Fischerei die meisten Heringe ausgerottet hat. Nun steigt der Sprottenfang sehr schnell an, und es ist eine große Frage, wie lange dieser Fischbestand den wachsenden Druck der Fischerei ertragen kann. Die Sprotte hat sich in der Nordsee in den Gebieten ausgebreitet, in denen der Hering war, sie nimmt nun zum Teil den Platz des Herings in der Nordsee ein. Würde man nun diesen Sprottenbestand beibehalten, so wäre vielleicht ein Wiederaufbau des Heringsbestandes verhindert, überfischt man sie jedoch, so ist damit nicht gesagt, daß der Hering zurückkehrt.

Solche Probleme sind es, vor denen die Fischereibiologen heute stehen. Wenn der Mensch auf umfassende Weise in das Gleichgewicht der Natur eingreift, entweder durch Fischerei oder z. B. durch Vernichtung des Planktons durch Verunreinigung des Meeres, so kann dieses Eingreifen, das vielleicht nur ein oder wenige Elemente des Systems betrifft, andere Elemente aus dem Gleichgewicht bringen.

Die Natur hat gegen solche Eingriffe eine große Widerstandskraft, nur deshalb können wir es uns erlauben, hunderttausende Tonnen von Fisch aus dem Meer zu holen oder große Mengen von Abfall in das Meer zu schütten, ohne daß dadurch anhaltende und wesentliche Veränderungen im Gleichgewicht der ökologischen Systeme eintreten. Doch dies gilt nur bis zu einer bestimmten Grenze, und wir sind dabei, diese Grenze zu überschreiten. Wir sind heute soweit, das Ökosystem des Meeres so wesentlich zu beeinflussen, daß diese Eingriffe weit über jene Elemente hinausgehen, die sie direkt betreffen. Wir können heute so effektiv fischen, daß große Fischbestände verschwinden, wodurch völlig neue Lebensbedingungen für Plankton und Bodentiere und für diejenigen Fische hervorgerufen werden, die von diesen ausgerotteten Fischbeständen leben oder von ihnen gefressen werden.

Wir führen auch mit dem Abwasser so große Mengen von Nährsalzen ins Meer, daß sich die Lebensbedingungen für Plankton, Bodentiere und Fische wesentlich verändern. Mit Milieugiften können wir Planktonorganismen töten und somit wesentliche Glieder in der Nahrungskette zerstören. Mit anderen Worten – wir sind heute in der Lage, die Natur des Meeres so zu verändern, wie wir die Natur des Festlandes verändert haben.
Auf dem Festland aber können wir in vielen Fällen sehen, was geschieht und geschehen ist – im Meer bleibt all dies im Verborgenen.

Register